微生物抑尘基础理论与方法

胡相明　程卫民　赵艳云　冯　月　著

科学出版社

北京

内 容 简 介

本书从矿山露天环境粉尘污染治理的紧迫性入手，以发展经济、高效、绿色抑尘技术和方法为切入点，通过阐述微生物诱导碳酸钙沉淀技术的应用现状，分析矿山抑尘技术特点，针对微生物抑尘剂的抑尘机理进行了深入研究。全书共 5 章，主要内容包括：微生物抑尘剂的可行性研究、微生物抑尘剂菌种的筛选及驯化、微生物抑尘剂性能优化、微生物抑尘剂的抑尘机理、问题与展望。

本书内容丰富，深浅适宜，可作为安全工程专业、环境工程专业、劳动卫生与环境卫生专业学生及职业卫生专业人员或矿山技术人员的培训参考书，也可供从事相关工作的工程技术人员阅读参考。

图书在版编目（CIP）数据

微生物抑尘基础理论与方法 / 胡相明等著. --北京：科学出版社，2025. 6. --ISBN 978-7-03-080074-9

Ⅰ. TD714

中国国家版本馆 CIP 数据核字第 2024ZX3793 号

责任编辑：刘翠娜　张娇阳 / 责任校对：王萌萌
责任印制：师艳茹 / 封面设计：无极书装

科 学 出 版 社 出版

北京东黄城根北街 16 号
邮政编码：100717
http://www.sciencep.com

三河市春园印刷有限公司印刷
科学出版社发行　各地新华书店经销

*

2025 年 6 月第 一 版　开本：720×1000　1/16
2025 年 6 月第一次印刷　印张：11 1/4
字数：230 000

定价：130.00 元

（如有印装质量问题，我社负责调换）

序

凿开混沌得乌金，藏蓄阳和意最深。
爝火燃回春浩浩，洪炉照破夜沉沉。
鼎彝元赖生成力，铁石犹存死后心。
但愿苍生俱饱暖，不辞辛苦出山林。

自古以来，煤炭在我国的经济、社会发展中发挥了举足轻重的作用。明代于谦所作的《咏煤炭》，生动阐释了煤炭对人类的贡献，也赞扬了千千万万艰苦拼搏、无怨无悔的煤炭工作者。然而，煤炭开采过程中的粉尘污染一直是困扰矿山安全生产的瓶颈。露天矿排土场以及路面运输过程造成的粉尘污染不仅会影响工人健康、运输安全，还会导致周围空气质量下降，不利于我国"十四五"规划生态文明建设目标的顺利实现。

绿色、经济、高效抑尘技术的推陈出新是解决煤矿职业危害和粉尘污染行业难题的关键。近年来，微生物诱导碳酸盐技术成为学界研究的新宠，并在岩土工程、历史文物修复等领域得到了迅猛发展。究其原因，与其反应过程可控、环境友好、成本低廉、固结显著等特点密切相关。2017年始，根据露天煤矿排土场的粉尘特征和逸散特点，作者团队提出了基于微生物诱导碳酸盐技术研发矿用微生物抑尘剂的思路，研发了一系列矿用微生物抑尘剂材料，确定了成熟的喷洒工艺和应用条件，并在材料配方、材料特征以及抑尘机理方面做了大量理论和试验研究，更难能可贵的是将该技术和材料进行了现场推广应用，形成了相对成熟的微生物抑尘基础理论与技术体系。

该书将微生物诱导碳酸盐技术用于煤矿粉尘防治，是该理论在工程实践领域的进一步拓展与升华,是山东科技大学矿山粉尘防治课题组多年来的集体智慧与结晶。该书的出版对于微生物技术在矿山粉尘领域的发展和应用具有推动作用,对堆场以及裸地等场景的粉尘防治工作亦具有借鉴作用,对于从事相关专业的高校师生及相关领域科研人员具有重要参考价值,我衷心祝贺该书的出版,并向广大读者热诚推荐。

中国工程院院士

2025 年 3 月

前　言

　　矿产资源是人类社会文明必需的物质基础。随着工业生产的发展，世界人口剧增，人类物质、精神生活水平不断提高，社会对矿产资源的需求量日益增大。《2023 年煤炭行业发展年度报告》指出："十四五"以来，全国新增煤炭产能 6 亿 t/a 左右，原煤占我国一次能源生产总量的比例始终保持在 65%以上。2023 年 10 月 12 日，习近平总书记在进一步推动长江经济带高质量发展座谈会上指出，加强煤炭等化石能源兜底保障能力，抓好煤炭清洁高效利用。这为推动新时代煤炭工业高质量发展指明了前进方向、提供了根本遵循。由此可见，我国"富煤缺油少气"的能源资源禀赋，决定了在未来相当长一段时间内，煤炭仍将是我国能源供应的"压舱石"、经济发展的"稳定器"。然而，煤炭资源的开发、加工过程，不可避免地会改变甚至破坏自然环境，产生各种各样的污染物质，造成大气、水体和土壤的污染。其中，粉尘污染不仅会威胁矿井安全生产，降低设备使用寿命，对人类健康造成重大隐患，引发尘肺病，矿山露天环境中粉尘的随风输移还会增加周边地区空气中的颗粒物浓度，影响当地空气质量。因此，矿山粉尘污染是矿山开采过程中阻碍我国经济社会发展和工业技术进步的一大技术难题。为贯彻"安全第一，预防为主、综合治理"的安全生产方针，保障我国矿山安全生产，提升环境空气质量，打造现代化绿色矿山，矿山粉尘污染防治技术的快速发展是解决粉尘污染的关键。

　　近年来，诸多学者在露天矿山环境中的产尘机理、粉尘运移规律、浓度预测、监测预警及其防治等方面进行了大量研究，相关成果极大地推动了露天矿山环境中的粉尘治理工作，也为后续研究提供了重要参考。随着我国粉尘防治技术的发展，露天矿山粉尘得到了一定程度的控制，煤矿尘肺病病例数呈下降趋势，但矿山露天环境粉尘至今仍难以彻底遏制，煤矿粉尘职业危害防治形势依然十分严峻。基于微生物诱导 $CaCO_3$ 沉淀技术的微生物抑尘剂因其低碳、环保、高效和可持续性的特征，为矿山露天环境的粉尘防控提供了全新解决思路。作者团队 2017 年首次针对煤尘的微生物抑尘剂开展基础研究，并依托该方向获得国家基金项目支持 3 项(面上项目 2 项、青年基金项目 1 项)，省级自然科学基金项目 3 项(面上项目 2 项、博士基金项目 1 项)，省重点研发项目 1 项的资助。在过去 5 年间，课题组先后有 10 余名博士、硕士研究生以及本科生围绕该研究方向开展课题研究，并发表了 20 余篇相关论文。本专著在汇集以上研究成果的基础上完成，是我国系统阐述生物技术应用于矿山粉尘防治的学术力作。

　　本书以环境空气质量改善和生态文明建设的国家战略为目标，以矿山绿色发展为己任，聚焦矿山露天环境经济、高效粉尘防治的现实需求，介绍了课题组诸多创新性研究内容：对当前矿山粉尘防治方法进行了客观分析；对微生物诱导碳酸钙沉淀技术的原理以及应用现状进行了梳理；在微生物抑尘剂的可行性研究、微生物抑尘剂菌种的筛选和驯化、微生物抑尘剂性能优化、微生物抑尘剂的抑尘机理、问题与展望等方面进行了全方位深入阐述。

　　本书以菌种、营养液、胶结液全方位性能调控为基线，厘清了影响微生物抑尘剂"脲酶活性激发、矿化产物形成"的关键因子，提出了微生物抑尘剂与粉尘间的"渗—留—固"抑尘理论，阐明了表面活性剂改性和外源物质的协同增效机理，明确了微生物抑尘剂的存在问题和今后的发展方向，引领了未来高效、绿色、低廉矿山抑尘剂的发展方向。本书内容新颖、针对性强、结构合理、层次清晰，具有专业性、系统性、可读性、可操作性和实用性强的特点。

　　本书的素材主要来自于博士研究生刘金迪和硕士研究生樊一锦、朱树仓、宋春雨、刘文浩、王庆善、耿志等的研究成果，同时，课题组程卫民教授、赵艳云教授、冯月博士、李晓博士、吴明跃博士等为本书的研究工作做了诸多贡献，在读研究生王景倩、赵沛东、郭永翔、张迪、曲彦霖、陈丽、哈梅轩也参与了部分内容的撰写和图片绘制。在此，作者对他们为本书作出的贡献表示衷心感谢！

　　本书的出版得到了国家自然科学基金项目"原位矿化菌群激活剂在露天煤矿排土场中的渗流机制及固尘机理(NO：52274217)"、"露天煤矿微生物抑尘剂的性能调控及界面胶结抑尘机理(NO：42077444)"，山东省自然科学基金面上项目"露天煤矿微生物抑尘剂的固尘特性及抑尘机理研究(NO：ZR2020ME101)"，山东省重点研发计划项目"煤矿堵漏风生物自修复材料的制备及关键技术(NO：2017GSF220003)"等的资助，在此特别表示感谢！

　　最后，本书在撰写过程中参考了国内外一些专家、学者的相关成果，编辑出版人员对本书的出版也付出了辛勤劳动，在此一并致以真诚的感谢！

　　由于作者水平和能力有限，书中疏漏和不妥之处，恳请广大读者批评指正！

作　者

2024 年 6 月

目　录

第1章　微生物抑尘剂的可行性研究

近年来，随着我国社会生产力水平和机械化水平的提高，煤矿开采的深度和广度不断扩大，高浓度矿尘的危害也渐趋严重[1]。以露天煤矿运输作业为例，研究表明，载重卡车等运输设备的瞬时产尘强度可高达 2000~12000mg/s，因此，道路两侧 5m 范围内，空气中的粉尘浓度可达 750~800mg/m³，是我国《工作场所有害因素职业接触限值 第 1 部分：化学有害因素》(GBZ 2.1—2019)职业卫生标准的 187.5~200 倍。高浓度的道路扬尘，不仅增加了汽车保养、维修费用，还会导致道路能见度下降，降低车辆的运输能力，影响司机的安全驾驶。此外，过高的粉尘浓度还会引发爆炸。调研表明，粉尘浓度过高造成的爆炸和机械部件磨损，给我国造成高达 12 亿元/a 的经济损失。最重要的是，由粉尘引发的尘肺病一直是全球矿区作业人员面临的严重问题，而我国露天煤矿多分布于干旱、半干旱地区，该地区植被稀疏、地表裸露、荒漠广布、矿区开采和运输作业频繁，产生的粉尘在人为扰动和风流作用下甚至可以扩散上百千米，严重影响矿区及周边地区的空气质量，对人们的健康产生了巨大威胁。由此可见，露天矿区的粉尘污染已对社会造成了严重危害，有必要开发有效技术解决露天煤矿的粉尘污染问题[2]。

目前，在粉尘防治方面，学者提出了多角度、全方位的抑尘方案，主要包括物理抑尘、化学抑尘等措施[3]。物理抑尘是通过喷洒水雾、建立挡风墙和抑尘网等方式抑尘。其中，喷洒水雾能通过粉尘与水雾接触、粉尘增重沉降至地面达到控制浮尘的目的。而建立挡风墙和抑尘网主要根据周围空气流动规律设置屏障，对扬尘的源头——风力进行有效控制，最大限度地衰减风力动能，降低其起尘和携尘能力。化学抑尘则是通过特殊化学物质润湿或凝并环境中的微细粉尘使粉尘沉降或黏固，达到降尘抑尘的目的。相对于物理抑尘来说，化学抑尘效果更好、更节约水资源，但仍存在制备过程烦琐、成本高以及环保隐患等不足。因此，探寻更为经济、环保、高效的抑尘措施，是当前亟须开展的工作。

1.1　微生物矿化

微生物矿化是自然界普遍存在的一种现象，在地球的各种环境中，包括岩石、土壤、水体和沉积物中都有发现，其是指微生物通过代谢活动和生物化学反应催化矿物的形成或溶解，改变矿物的结构和组成，以促进地质过程中的矿物形成和转化。微生物矿化过程通常包含生物膜形成、生物矿化沉积和生物修饰等阶段。其中，生物矿化沉积是微生物产生的有机酸、气体、酶或其他生物分子诱导、控制或参与周围环境中的生物化学反应促进矿物形成的过程，是微生物矿化过程中最为重要的一环。

1.1.1　微生物矿化模式

微生物矿化涉及不同的微生物和矿物类型(碳酸盐、磷酸盐、硅酸盐、硫酸盐、硫化物、氧化物或氢氧化物)。根据微生物的参与模式，其可分为微生物控制矿化、微生物影响矿化和微生物诱导矿化。

微生物控制矿化是微生物通过遗传、代谢和生物化学反应直接对矿物的结构、组成和形态进行调控。在该过程中，细胞代谢产物可以在细胞内、细胞外和细胞间等不同位置直接与金属离子结合，产生的矿物质通常是窄尺寸、特定颗粒形态的有序晶体。例如，机体骨骼的生长属于微生物控制矿化，该过程不易受环境因素的影响。

微生物影响矿化是受微生物影响的矿化过程，其中，矿物的形成是有机基质(主要是胞外聚合物)与有机或无机化合物之间相互作用的结果。例如,胞外聚合物可以为碳酸盐沉淀的形成提供成核位点。

微生物诱导矿化是在细胞外完成的矿化过程,矿物质通过微生物代谢的副产物改变周围溶液环境,并促进微生物与环境中存在的金属离子发生沉淀,微生物参与了矿物的组成、定位和成核。例如,在脲酶的作用下,通过提高 pH,诱导碱性环境,促使了胞外矿化过程的进行。

事实上,自然界中的微生物矿化作用往往由以上两种或三种模式共同实现。其中,微生物诱导碳酸盐沉淀(microbial induced carbonate precipitation,MICP)是一种常见的微生物矿化作用,涉及微生物影响矿化和微生物诱导矿化过程,因为易于研究和控制,受到学者的广泛关注。

1.1.2 MICP 途径及其矿化机理

微生物诱导碳酸盐沉淀过程是特定微生物与环境中的有机和无机化合物相互作用的结果,因此,MICP 存在多种途径[4]。目前,已知的 MICP 途径包括六种:异化硫酸盐还原、反硝化(硝酸盐还原)、氨基酸氨化、光合作用、甲烷氧化、尿素分解(尿素水解)。

1) 异化硫酸盐还原

异化硫酸盐还原广泛存在于自然环境中,尤其是湿地、海洋沉积物以及地下水等环境,该过程在地质历史中发挥着重要作用,如硫化物矿物(如黄铁矿)和碳酸盐岩石(如石灰岩)的形成等。在异化硫酸盐还原过程中,微生物利用硫酸盐作为电子受体进行呼吸代谢,将硫酸盐还原为硫氢化物,同时将有机碳氧化为碳酸氢盐,并产生能量。在碱性微环境下,随着碳酸氢盐浓度的增加,碳酸氢盐能够与环境中的金属阳离子结合生成碳酸盐沉淀。

$$SO_4^{2-} + 2[CH_2O] + OH^- \xrightarrow{\text{硫酸盐还原菌}} HS^- + 2HCO_3^- + H_2O \qquad (1-1)$$

$$HCO_3^- \longrightarrow CO_2\uparrow + OH^- \qquad (1-2)$$

$$M^{2+} + HCO_3^- \longrightarrow MCO_3\downarrow + H^+ \qquad (1-3)$$

2) 反硝化(硝酸盐还原)

反硝化细菌是硝酸盐还原的主要细菌，也是典型的兼性厌氧菌，在硝酸盐和有机碳存在的情况下，能够产生有利于碳酸盐沉淀的 CO_2，同时消耗 H^+ 使周围介质 pH 升高，促使碳酸盐沉淀的形成。

$$CH_3COO^- + 1.6NO_3^- + 2.6H^+ \xrightarrow{\text{反硝化细菌}} 0.8N_2\uparrow + 2CO_2\uparrow + 2.8H_2O \quad (1-4)$$

$$M^{2+} + 2OH^- + CO_2 \longrightarrow MCO_3\downarrow + H_2O \quad (1-5)$$

3) 氨基酸氨化

氨基酸的氨化作用也能导致 MICP 过程的进行。在此途径中，氨化细菌如一些黏菌代表物种黄色黏球菌(*Myxococcus xanthus*)，能够利用氨基酸作为唯一的能量来源，发生氨化作用，产生 CO_2 和 NH_3，而后氨水解，并在细胞周围产生 NH_4^+ 和 OH^-，导致环境碱性提高，创造有利于碳酸盐沉淀的环境。

$$\text{氨基酸} + O_2 \xrightarrow{\text{氨化细菌}} NH_3\uparrow + CO_2\uparrow + H_2O \quad (1-6)$$

$$NH_3 + H_2O \longrightarrow NH_4^+ + OH^- \quad (1-7)$$

$$CO_2 + OH^- \longrightarrow HCO_3^- \quad (1-8)$$

$$M^{2+} + HCO_3^- \longrightarrow MCO_3\downarrow + H^+ \quad (1-9)$$

4) 光合作用

除上述异养细菌的代谢过程外，微生物的光合作用也能够产生碳酸盐沉淀。在自然界中，蓝细菌通过光合作用驱动碳酸盐矿物形成是 MICP 的典型例子。在光合作用过程中微生物消耗 CO_2，促使 HCO_3^- 分解为 CO_3^{2-}。同时，HCO_3^- 也能够通过膜扩散，在碳酸酐酶的催化作用下解离为 CO_2 和 OH^-。生成的 OH^- 也能够导致微环境中 pH 升高，有利于碳酸盐沉淀生成。

$$CO_2 + H_2O \xrightarrow{\text{光合作用}} O_2 + CH_2O \quad (1-10)$$

$$2HCO_3^- \longrightarrow CO_2\uparrow + H_2O + CO_3^{2-} \quad (1-11)$$

$$HCO_3^- \xrightarrow{\text{碳酸酐酶}} CO_2\uparrow+OH^- \tag{1-12}$$

$$M^{2+}+HCO_3^- \longrightarrow MCO_3\downarrow+H^+ \tag{1-13}$$

$$M^{2+}+CO_3^{2-} \longrightarrow MCO_3\downarrow \tag{1-14}$$

5) 甲烷氧化

甲烷氧化过程中最主要的微生物是甲烷氧化菌,其可以利用甲烷作为碳源,在低氧或无氧条件下将甲烷氧化为 HCO_3^-,硫酸盐被还原为 HS^-。

$$CH_4+SO_4^{2-} \xrightarrow{\text{甲烷氧化菌}} HS^-+HCO_3^- +H_2O \tag{1-15}$$

$$M^{2+}+ HCO_3^- \longrightarrow MCO_3\downarrow+H^+ \tag{1-16}$$

$$H^++HS^- \longrightarrow H_2S\uparrow \tag{1-17}$$

而在甲烷的好氧氧化过程中,氧气和甲烷在细胞膜上将甲烷转化为甲醇,甲醇转化为甲醛,并在细胞内进一步转化为甲酸,甲烷氧化菌再利用甲酸脱氢酶将甲酸氧化为 CO_2,在碱性条件下,CO_2 转化为 CO_3^{2-} 并与环境中的金属离子结合形成碳酸盐沉淀。但是,需要注意的是,在好氧氧化过程中,环境中的酸度会随反应的进行而增加,导致碳酸盐溶解。因此,甲烷氧化途径的 MICP 过程主要是在无氧或低氧条件下进行的。

$$2CH_4+O_2 \longrightarrow 2CH_3OH \tag{1-18}$$

$$2CH_3OH+O_2 \longrightarrow 2HCHO+2H_2O \tag{1-19}$$

$$2HCHO+O_2 \longrightarrow 2HCOOH \tag{1-20}$$

$$2HCOOH+O_2 \xrightarrow{\text{甲酸脱氢酶}} 2CO_2+2H_2O \tag{1-21}$$

$$M^{2+}+CO_2+2OH^- \longrightarrow MCO_3\downarrow+H_2O \tag{1-22}$$

6) 尿素分解(尿素水解)

尿素水解途径的 MICP 过程能在短时间内产生 CO_3^{2-},其可控性强、过程操作简单。尿素水解发生的原因主要是一些特定的产脲酶菌

[如枯草芽孢杆菌(*Bacillus subtilis*)、巨大芽孢杆菌(*Bacillus megaterium*)等]可以产生脲酶，脲酶将尿素水解为氨气和氨基甲酸，氨基甲酸自发水解生成氨气和碳酸。碳酸通过碳酸酐酶转化为碳酸氢盐，氨气水解生成铵根离子和 OH^-，使得细胞周围 pH 升高，在金属阳离子存在的情况下可以诱导碳酸盐沉淀的析出。

$$CO(NH_2)_2+H_2O \xrightarrow{\text{脲酶}} NH_2COOH+NH_3\uparrow \qquad (1\text{-}23)$$

$$NH_2COOH+H_2O \longrightarrow NH_3\uparrow+H_2CO_3 \qquad (1\text{-}24)$$

$$H_2CO_3 \underset{}{\overset{\text{碳酸酐酶}}{\rightleftharpoons}} HCO_3^-+H^+ \qquad (1\text{-}25)$$

$$2NH_3+2H_2O \longrightarrow 2NH_4^++2OH^- \qquad (1\text{-}26)$$

$$HCO_3^-+H^++2OH^- \longrightarrow CO_3^{2-}+2H_2O \qquad (1\text{-}27)$$

$$M^{2+}+CO_3^{2-} \longrightarrow MCO_3\downarrow \qquad (1\text{-}28)$$

1.1.3　MICP 过程的主要影响因素

MICP 是在大量的生物和非生物因素共同作用下完成的生物自然代谢过程，受各种因素的影响。另外，鉴于环境中 Ca^{2+} 广泛存在，若 MICP 矿化过程的产物为 $CaCO_3$，则该产物是一种环境相容性强的材料。目前基于 Ca^{2+} 的 MICP 技术研究相对成熟和深入，因此，本书就微生物诱导碳酸钙沉淀技术的影响因素进行了如下总结和概括。

1) 产脲酶菌种类

产脲酶菌作为脲酶的生产者，不仅影响尿素的分解速度和数量，同时又作为成核位点影响 $CaCO_3$ 结晶，因此，产脲酶菌对 $CaCO_3$ 的生成速率、产量及形貌等均具有重要作用。目前已有大量学者从不同环境中分离筛选出了一系列具有生物矿化能力的产脲酶菌。例如，众多学者在洞穴的钟乳石[5]、土壤[6]、盐滩和潟湖沉积物[7]、煤炭[8]、海水[9]等环境中均发现了较高脲酶活性的菌株。由此可见，环境中广泛存在产脲酶菌。

　　然而，微生物的矿化特征在不同环境中具有较大不确定性。例如，Dhami 等[10]在印度的钙质土中成功分离出五种芽孢杆菌属产脲酶菌。在相同培养条件下，生成的 CaCO₃ 晶体类型、大小和形态各异，表现出明显的菌株特异性。Mekonnen 等[11]在埃塞俄比亚土壤中筛选了 4 株产脲酶菌，发现其具有非嗜盐性至轻度嗜盐性、需氧且嗜温等特性。Gowthaman 等[12]在亚北极寒冷地区土体中分离出的产脲酶菌脲酶活性在 30℃及以上时基本为 0，而在相对较低的温度下酶活性较高。因此，菌株对环境因素的耐受性极大地影响了矿化过程。而由于巴氏芽孢八叠球菌(*Sporosarcina pasteurii*)是一种来自于土壤的非致病性产脲酶菌，其最佳生长 pH 在 7.0～9.0，能够耐受一定碱性环境且对环境无害，具有较强的环境适应性。目前，研究者广泛利用 *Sporosarcina pasteurii* 开展 MICP 技术的应用研究[13,14]。但是 *Sporosarcina pasteurii* 是一种好氧菌，在厌氧条件下 MICP 过程会受到显著抑制[15]。截至目前，不同环境中高效产脲酶菌的发现和深入研究仍然是 MICP 技术的努力方向之一。

　　2) 细菌浓度

　　单位体积溶液中细菌细胞数量，即细菌浓度，与脲酶活性、细胞表面胞外聚合物和矿化产物产量等密切相关。如 Liu 等[16]发现，在相同尿素和氯化钙浓度下，细菌浓度越高，脲酶活性越高。此外，静态接触角试验发现，当水作用于经不同浓度细菌溶液处理后的样品时，接触角随细菌浓度增加而增大，这说明，提高细菌浓度可以增加样品的疏水性[17]。固结样品中的脲酶活性、矿化产物产量和无侧限抗压强度也随细菌浓度增加而增加[18]。因此，菌体浓度过高虽然不利于水溶液亲水性的提高，但可以提高矿化产物产量。特别是当其他因素一定时，细菌浓度就成为影响 MICP 反应速率和矿化效果的主要因素。

　　此外，细菌浓度也会影响 MICP 过程中矿化产物晶体的形成速度和结晶方向，导致特定形态矿物晶体的形成。适当的细菌浓度可以促进晶体有序生长，而过高的细菌浓度可能导致不规则的沉淀形态。Xu 等[19]发现随着细菌浓度增加，CaCO₃ 晶体由六面体会逐渐变为斜多面体至椭球体。Murugan 等[20]认为与高细胞数相比，较低的细胞数更容易导致较大晶体的形成，且随着时间推移，这些 CaCO₃ 晶体会从球霰石相转变为方解石相。Cheng 和 Cord-Ruwisch[21]认为在低细菌浓度条件下，细菌表面有机物的成核点相距较远，晶体生长互不干扰，由此容易形成天然立方 CaCO₃，而在高细菌浓度条件下，细菌细胞相互絮凝，菌体表面的极性基团和有机高分子物质会卷曲缠绕，形成曲面结构，最终形成球形 CaCO₃。因此，细菌浓度与矿化产物特征及矿化效果的关系复杂。

3) 温度

温度会影响微生物的细胞膜通透性和脲酶活性发挥。研究表明，温度的变化会影响微生物代谢、脲酶活性和尿素电离常数，进而影响尿素的溶解速率。因此，在 MICP 过程中，温度也是影响 MICP 效率的关键因素[22]。Peng 和 Liu[23]通过室内试验发现，在所研究的温度范围内(10℃、15℃、20℃、25℃和 30℃)，低温下 MICP 的最终处理效果优于高温处理。Liu 等[24]基于响应面试验发现脲酶活性随着温度的升高而增加。Ferris 等[25]指出，当温度升高时(10~20℃)，尿素在溶液中的电离常数增加约十倍，其分解速率也随之增加。Whiffin[26]发现，在 25~37℃，温度每提高 1℃，*Sporosarcina pasteurii* 产生的脲酶分解尿素速率提高 0.04mmol/(L·min)。这些研究均强调了尿素水解对温度的高度依赖性，而这也源于不同菌株生长活性与温度的关系。

另外，温度还与 CaCO₃ 的沉淀动力学密切相关，影响着 CaCO₃ 的饱和浓度、生产量、晶体尺寸及形貌。Wang 等[27]通过微流控芯片试验发现，温度变化产生了不同类型、尺寸和数量的 CaCO₃ 沉淀。Hu 等[28]通过不同环境温度下 MICP 砂柱加固试验发现，随着温度增加，CaCO₃ 产量呈现先增加后降低的趋势，原因是温度的上升可以提高细菌在样品中的附着率，但是温度过高会影响细菌的生长，导致 CaCO₃ 产量下降。Rodriguez-Navarro 等[29]认为温度越高，溶液过饱和浓度越低，CaCO₃ 结晶速度越快，导致形成的 CaCO₃ 晶体小，不利于强度的提高。而在适宜的室温条件下，CaCO₃ 的结晶速度相对较慢，且 CaCO₃ 结晶趋于均匀分布，粒径较大。Xiao 等[30]利用温控单相 MICP 试验发现，在低温下生产的 CaCO₃ 沉淀分布更加均匀，晶体尺寸小，有利于晶粒粗糙度和残余应力的增加。

4) pH

环境 pH 可通过生化反应影响细菌生长，从而影响 MICP 过程。研究发现，MICP 过程中的微生物大多数属于异养兼性需氧菌，一般具有较强的耐碱性，并且能够诱导产生碱性微环境。Lee 等[31]分别在好氧、缺氧和厌氧条件下对细菌生长、环境 pH 变化进行监测，结果表明，菌株 YS11 可以顺利生长并诱导环境的 pH 达到 8.9。Wang 等[32]评估了球形芽孢杆菌(Bacillus sphaericus)的耐碱性特征，结果表明，Bacillus sphaericus 可以在广泛的碱性环境中生长，最佳 pH 范围为 7～9，但高碱性条件(pH 为 10～11)会减慢生长速度。Wu 等[33]的研究表明，蜡状芽孢杆菌(Bacillus cereus)在 pH 为 8 时具有最高的脲酶活性，之后随着 pH 增加，脲酶活性逐渐降低，这也进一步说明了 pH 可以通过生化反应影响细菌生长。

而细胞内外 pH 的差异也会影响 CO_2、HCO_3^- 和 CO_3^{2-} 之间的动态平衡，进而影响 $CaCO_3$ 的生成。研究发现，随着 pH 的增加，CO_2、HCO_3^- 和 CO_3^{2-} 之间的平衡向 CO_3^{2-} 转移，能促使沉淀的产生。另外，pH 还会影响矿化产物的微观形貌。Seifan 等[34]、Zhang 等[35]通过对 $CaCO_3$ 晶体的观察发现，pH 在微观角度上能够直接影响 $CaCO_3$ 的结晶类型、形貌和大小，是影响 $CaCO_3$ 形貌的关键参数。Liu 等[36]在研究各种回收骨料中 pH 环境对 MICP 过程的影响时发现，不同 pH 下，$CaCO_3$ 晶型不同，低 pH 有利于球霰石的形成，而高 pH 有利于菱形方解石的形成。成亮等[37]指出，当溶液 pH 为 8 和 9 时，MICP 过程生成的 $CaCO_3$ 晶相都是方解石，但是它们的形状发生了改变，pH=8 时，形状主要为球形；pH=9 时，形状主要是方形和花瓣形。

此外，pH 也会直接或间接影响矿化产物的均匀分布。相关研究发现，在低 pH 条件下可以延迟 MICP 过程的发生，使处理溶液均匀分布在样品中[38]。Cheng 等[39]通过采用低 pH 和多相注射方法防止了生物絮凝物的堵塞，能够让菌液和胶结液在 MICP 过程发挥作用之前均匀地分布在土壤基质中。Lai 等[40]利用低 pH 细菌溶液进行

MICP 喷雾处理，以提高铁尾矿砂的力学性能，结果表明，与传统溶液相比，低 pH 细菌溶液可导致更多的 $CaCO_3$ 沉淀和更长的生物絮凝生成时间，低 pH 细菌溶液具有更好的生物胶结效果。因此，低 pH 生物胶结对 MICP 技术应用过程中均匀性的提高和生物矿化性能的提升具有重要意义。

5) 胶结液的组成及浓度

目前，MICP 过程大多以钙源和尿素两种主要原材料作为胶结液，实现生物矿化。钙源作为 $CaCO_3$ 的组成原料，其种类对碳酸盐的形成及固结效果尤为重要。前期，Pan 等[41]研究发现，硝酸钙作为钙源导致 Bacillus cereus 形成的 $CaCO_3$ 沉积物更密集、均匀，固砂效果更佳。Zheng 等[42]研究发现以乳酸钙为钙源时，嗜碱芽孢杆菌(Bacillus alcalophilus)表现出较高的矿化率，对裂缝具有良好的自愈合效果。Zhang 等[43]利用 3 种钙源(氯化钙、乙酸钙、硝酸钙)处理微生物砂浆，发现利用乙酸钙作为钙源的固结样品孔径分布更加均匀，抗压和抗拉强度是其他两种钙源的两倍，并且用乙酸钙处理的样品晶体类型主要为针状的文石，而其他两种主要为六面体的方解石。这也进一步说明，钙源的种类会影响生成碳酸盐沉淀的微观形貌。然而，Abo-El-Enein 等[44]认为利用氯化钙作为钙源时(相比于乙酸钙和硝酸钙)，获得的矿化产物抗压强度更高且渗透率更低，并认为原因在于以氯化钙为钙源时方解石的结晶度和产量更高。Peng 等[45]同样发现海水环境中，氯化钙为 Sporosarcina pasteurii 的最佳钙源，生成的矿化产物在海水环境中仍可保持较高的强度，验证了 MICP 技术对珊瑚沙的改善效果。上述钙源的选择体现了在不同应用条件下研究结果的差异，因此，还需要具体情况具体分析。

胶结液浓度也会直接影响 MICP 的胶结效果。从化学元素守恒定律角度来看，通过 Ca^{2+} 和 CO_3^{2-} 的浓度可以直接得到所生成 $CaCO_3$ 的沉淀量，其中尿素是 CO_3^{2-} 的来源(1.1.2 小节)。理论上，高浓度的 Ca^{2+} 和尿素有利于产生更多的 $CaCO_3$ 沉淀。然而，研究表明，当 Ca^{2+} 和尿素浓度过高时，会抑制细菌生长和脲酶活性。Yi 等[46]监测了不同

Ca^{2+}浓度下的脲酶活性，发现 Ca^{2+}从 120mmol/L 增加到 320mmol/L 时，研究的菌种脲酶活性下降明显。van Paassen[47]研究了尿素浓度对 *Sporosarcina pasteurii* 脲酶活性的影响，并计算了米氏常数(即尿素水解速率为最大值一半时的尿素浓度)，结果发现，当底物浓度远大于米氏常数时，底物浓度的变化对尿素水解速率影响不大；当底物浓度接近米氏常数时，尿素水解速率随底物浓度的降低而降低。Okwadha 和 Li[48]发现，当尿素浓度为 666mmol/L，Ca^{2+}浓度为 250mmol/L，细菌细胞浓度为 2.3×10^8cfu/mL 时，$CaCO_3$ 的沉淀量最高。Khan 等[49]发现，在细菌细胞浓度为 10^9cfu/mL 时，尿素和 Ca^{2+}的最佳浓度为 500mmol/L。由此可见，细菌细胞对 Ca^{2+}和尿素具有一定的耐受性，Ca^{2+}和尿素浓度会影响微生物对尿素的水解速率以及碳酸盐离子浓度，而碳酸盐和 Ca^{2+}浓度又决定了 MICP 反应溶液的过饱和程度和沉淀量的多少。

1.2　MICP 技术在不同领域中的应用

MICP 技术具有可控性高、胶结性强、环境相容性好等特点，且产物碳酸盐类物质在自然界中分布广泛，性质稳定，具有较强的强度和耐久性。因此，近几年，MICP 技术成为各界学者的研究热点，并在土壤固结[50]、混凝土裂缝修复[51]、重金属污染治理[52]和碳封存等领域得到了快速的研究和应用。

1.2.1　土壤固结

Whiffin[26]最早发现，通过在松散砂土中加入产脲酶菌液和胶结液，微生物诱导生成的 $CaCO_3$ 晶体可以将砂土颗粒胶结在一起。而岩土工程领域的进一步研究证明，MICP 技术可以提高土体强度，增强土壤的稳定性和抗冲刷能力。例如，DeJong 等[53]利用巴氏芽孢杆菌(*Bacillus pasteurii*)胶结松散的砂土颗粒，并用剪切波速法对细菌处理的试样进行无损检测,结果表明经细菌加固处理的试样具有较高的初始剪切刚度,同时抗剪强度也得到了明显提升。Jiang 等[54]发现,MICP 处理有助于减少砂-黏土混合物的侵蚀和体积收缩,碳酸盐沉淀物通过直接吸附/包覆细颗粒和桥接粗颗粒,提高了砂-黏土混合物的抗侵蚀能力。另外,Zheng 等[55]通过室内直剪试验,分析了加固前后不同根系含量下,根土复合材料的强度变化。结果发现,MICP 处理后根土复合物内聚力提高了 49.2%,并且 MICP 处理对植被生长无负面影响,可与植被保护相结合。由此可见,MICP 技术是边坡防护、侵蚀防治以及矿区土壤修复中的一种有效工程手段。

此外,极端天气事件增多和海平面上升加速,沿海沙丘受到更频繁的风暴波淹没和风暴潮影响,导致了广泛的海岸侵蚀和退化问题。微生物矿化技术是当前海岸防护的前沿课题。Li 等[56]通过一系列水槽试验,研究了 MICP 处理的砂质边坡的抗波浪侵蚀性能。结果表明,经过 4 次 MICP 处理后,边坡抗波浪侵蚀性能显著增强,波浪作用后未发生明显冲刷。Shahin 等[57]发现 MICP 能够将浅水海岸的土壤侵蚀限制在 5%以下。另外,为了研究海水对 MICP 的影响,肖瑶等[58]、董博文等[59]分别研究了 MICP 在海水环境下对钙质砂的加固效果,通过设计人工海水环境,对 *Sporosarcina pasteurii* 进行多梯度人工驯化培养,结果表明,生成的碳酸盐沉淀晶体致密,可以填充并胶结砂土颗粒之间的孔隙,体现出 MICP 技术优异的胶结填充性能。

1.2.2　混凝土裂缝修复

混凝土是最常用的建筑材料之一,但混凝土裂缝的出现导致施工耐久性显著降低,更换成本高。自修复混凝土被认为是克服这些问题的重要方法。目前,自修复混凝土大多是将产脲酶菌的孢子(如 *Bacillus pasteurii*[60]、*Bacillus sphaericus*[61]和 *Bacillus megaterium*[62]等)加入混凝土中,当混凝土产生裂缝后,细菌在新陈代谢活动中能够将尿素分解并最终转化为 NH_4^+ 和 CO_3^{2-},环境中的二价阳离子(Ca^{2+}/Mg^{2+})能够与表面为负电荷的细菌细胞螯合,当细菌将产生的

CO_3^{2-} 运输到体外时，该 CO_3^{2-} 与二价阳离子结合，并以细菌细胞为成核位点形成碳酸盐沉淀，从而将混凝土裂缝封堵[63]。Jonkers 等[64]与 Wiktor 和 Jonkers[65]首先提出了使用 MICP 技术实现混凝土裂缝的自修复，其愈合过程无须人工干预，结果还表明，在水中浸泡 100d 后，细菌混凝土的裂缝愈合幅度可达 0.46mm。

但是，混凝土材料一般具有碱性强(pH 高达 10～13)、孔隙小、结构致密等特点，这些都大大限制了细菌在水泥材料中的存活率。因此，保护细菌免受水泥高碱环境侵害，同时为细菌生长提供适宜的条件是制备生物自修复材料面临的一个技术难题。目前，国内外研究者对矿化细菌的保护性载体进行了大量尝试性研究。例如，Bang 等[66]使用聚氨酯(PU)固定 *Sporosarcina pasteurii* 修补裂缝，发现固定后细菌方解石的矿化率与游离细胞相当。Wang 等[67]研究发现，硅胶固定化细菌比聚氨酯固定化细菌具有更高的活性，硅胶中 $CaCO_3$ 的矿化量高于聚氨酯中 $CaCO_3$ 的矿化量。Wu 等[68]利用水玻璃和低碱性硫铝酸盐水泥研制了矿物胶囊和生物胶囊，发现该技术能够显著提高砂浆的抗压和抗折强度。

1.2.3　重金属污染治理

根据 MICP 技术的发生过程，重金属元素可以被固定在沉淀中，因此，MICP 技术可以有效地钝化环境中的重金属污染物。常道琴等[69]明确了 MICP 在干旱和半干旱高风蚀地区对重金属尾矿的治理效果，利用纺锤形赖氨酸芽孢杆菌(*Lysinibacillus fusiformis*)在尾矿渣中进行了 MICP 模拟试验，发现 MICP 技术可以有效处理尾矿渣中重金属。Kang 等[70]研究分析了 MICP 对重金属尾矿砂固化/稳定的作用和机理，宏观和微观观察表明，MICP 固化是由细菌外氧化物、氢氧化物、碱性碳酸盐和碳酸盐沉淀共同作用而实现的。Zeng 等[71]基于伪一级动力学模型、粒子内扩散模型和特姆金(Temkin)等温线模型描述了方解石在 MICP-Cd 体系中 Cd^{2+} 的固定过程。结果表明，MICP 产生的 Cd^{2+} 矿化主要归因于表面沉淀 $Cd(OH)_2$、取代钙位点与

CO_3^{2-} 的直接结合和方解石晶格空位锚 $(Ca_xCd_{1-x})CO_3$ 等机制。

然而，利用 MICP 技术去除重金属元素时，基于金属对微生物的毒害作用，细菌的生长和脲酶活性受限于金属的存在形态和含量，Achal 等[72]利用分离出的耐铜黄色考克氏菌(Kocuria flava CR1)去除 Cu^{2+} 发现，Cu^{2+} 浓度越高，细菌脲酶活性越高，但是高浓度的 Cu^{2+} 会影响细菌生长。Kim 等[73]研究了二价阳离子的种类和浓度对 $CaCO_3$ 沉淀的矿物学、形状和结晶度的影响，并测定了金属去除率的差异。结果表明，MICP 过程中的各种二价阳离子可以通过生物介导的反应与 $CaCO_3$ 共沉淀，从而影响矿物沉淀的矿物学和形态。同时，不同学者针对微生物的产脲酶基因表达也进行了深入分析。例如，Zeng 等[71]通过荧光定量 PCR 分析表明，Cd^{2+} 在 MICP 过程中能够抑制产脲酶基因(ureC、ureE、ureF 和 ureG)的表达。因此，MICP 技术可以实现环境中的重金属去除，但其应用潜力和机制尚待进一步分析。

1.2.4　碳封存

CO_2 是主要的温室气体之一，对地球的气候变化起重要作用，而当大气中 CO_2 过多时也会对生物多样性和生态系统造成损害。碳封存是实现减碳的重要手段。近年来，学者发现 MICP 技术是一种有效的碳捕集与封存技术。例如，Qian 等[74]发现碳酸酐酶菌可以分泌碳酸酐酶捕获空气中的 CO_2，并将其转化为 HCO_3^-，而 HCO_3^- 与环境中的 Ca^{2+} 反应形成具有胶凝性的 $CaCO_3$。光合细菌也可以利用光作为能源，捕获 CO_2 到细菌内部，并在碱性环境中转化为 CO_3^{2-}，最终与体系中的阳离子结合生成固态碳酸盐[75]。Watson 等[76]将表达碳酸酐酶的大肠杆菌固定在新型泡沫生物反应器中发现，当细胞浓度为 4g/L 时，CO_2 去除率为 93%。因此，MICP 技术在实现碳封存、减缓全球气候变暖速度方面具有重要意义。但是，由于起步较晚，关于微生物碳封存技术研究仍处于初期试验阶段。

综上可以看出，MICP 技术已成为众多领域的研究热点，并展现出广阔的应用前景。

1.3　微生物抑尘剂在粉尘防治领域的可行性

MICP 技术已经在固结土壤和砂粒领域得到了广泛应用，表明 MICP 技术在固结颗粒物上具有潜在优势。但当颗粒粒径较小(<75 μm)时，MICP 技术对细颗粒物是否也会产生较强的胶结效果，从而防止粉尘扩散甚至造成扬尘污染？随着科技的发展，相关学者开展了前期研究。例如，Zomorodian 等[77]通过利用 *Sporosarcina pasteurii* 固结松散砂，并利用风洞试验测定了固结后的松散砂抗风蚀能力，发现风速为 20m/s 时，固结体不会受到侵蚀。Chae 等[78]以中砂、细砂、壤质细砂和壤土为研究对象，研究了 MICP 技术的施用方法及其对风蚀的影响，结果发现，当风速为 15m/s 时，经 0.25mol/L 胶结液处理的中砂、细砂和 0.1mol/L 胶结液处理的壤质细砂、壤土几乎没有土壤流失。由此可见，前期研究证实了 MICP 技术对土、砂细颗粒的强固结和抗风蚀能力。然而，在露天煤矿中，煤炭运输、排土等造成的裸露地面粉尘、扬尘问题严重，MICP 技术对矿山粉尘的胶结效果鲜有人关注。

基于以上考虑，作者团队综合调研了露天煤矿环境中粉尘颗粒特征，构建基于 MICP 技术的微生物抑尘剂，探讨微生物诱导的矿化产物在粉尘颗粒间的析出情况，揭示微生物诱导 $CaCO_3$ 沉淀技术对露天矿山环境的粉尘防控潜力，为露天煤矿环境的粉尘污染问题提供一种新的防治技术，并推动 MICP 技术在矿山粉尘防治领域的工程应用。

1.3.1　煤矿粉尘特征

煤炭是 18 世纪以来人类世界所利用的最主要能量来源之一，被誉为"黑色的金子""工业的食粮""化工原料之母"，是由古代植物随地壳运动经历堆集、沉积、压实等阶段后，在高温高压条件下发生碳化反应而逐渐形成的固体可燃性矿物。煤炭是一种复杂的有机材料，主要由 C、H、O、N、S 和 P 等元素组成，其中，C、H、O 总量占有机质的 95%以上，具有物理化学非均质性，有裂隙、孔隙及裂纹等物理特征以及分子、原子缺陷及位错等化学缺陷。在煤矿开采、加工、运输等矿山作业场所中的粉尘主要由煤尘、土尘和岩尘组成，其中煤尘占比最高。因此，为研究微生物抑尘剂在煤尘防治领域中的可行性，本节就不同煤尘变质程度、不同煤土比下的粉尘特征以及微生物抑尘剂的抑尘性能进行了深入研究。

1) 不同变质程度煤炭的工业分析

变质程度是影响煤炭中碳结构演化的最重要因素。随着煤炭变质程度的提高，煤尘表面亲水含氧官能团会减少。作者团队通过选用来自陕西省神木市大柳塔煤矿不同变质程度的煤种(褐煤、烟煤、无烟煤)进行工业分析发现：不同变质程度煤种的水分含量、灰分含量、挥发分含量和固定碳含量均不相同。随变质程度增加，水分含量、挥发分含量减少，固定碳含量增加(表 1-1)。

表 1-1 不同变质程度煤种的工业分析 (单位：%)

变质程度	煤种	M_{ad}	A_{ad}	V_{ad}	FC_{ad}
低	褐煤	10.58	7.22	35.83	46.37
中	烟煤	2.07	12.45	26.95	58.53
高	无烟煤	1.86	11.53	10.25	76.36

注：M_{ad}、A_{ad}、V_{ad}、FC_{ad} 分别代表水分含量、灰分含量、挥发分含量、固定碳含量。

2) 煤尘粒径及比表面积

煤尘粒径及比表面积是影响煤炭物理化学性质的重要指标。图 1-1(a)为机械破碎下三种变质程度煤尘的粒径概率密度分布图，在本实验中概率密度超过 15%即可认为在该粒径范围下具有明显分布。因此，可以看出，褐煤经粉碎后的粒径在 0.24～0.33mm 有明显分布特征；烟煤在 0.27～0.34mm 有明显分布特征；无烟煤在 0.22～0.34mm 有明显分布特征。其中，烟煤的粒径分布比褐煤和无烟煤集中，因此在堆积过程较为松散，颗粒之间会形成较大空隙。然而，无烟煤和褐煤的粒径在较大范围内均有明显分布，这导致在堆积过程中，空隙被小颗粒堵塞的概率增大。图 1-1(b)为三种变质程度煤尘的堆体密度，从图 1-1(b)中可以看出，无烟煤的堆体密度明显高于褐煤和烟煤，分别是褐煤的 1.059 倍、烟煤的 1.041 倍。无烟煤中固定碳含量高达 76.36%，而水分以及挥发分含量较低，分别为 1.86%和 10.25%，这就

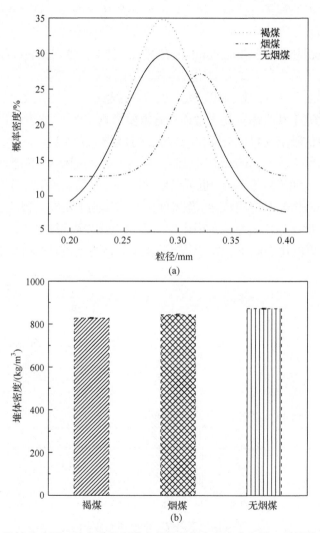

图 1-1　机械破碎下三种变质程度煤尘的粒径概率密度分布图(a)及堆体密度(b)

导致了在相同堆积条件下无烟煤堆体密度较高。而褐煤的堆体密度相对较低，原因可能是褐煤的固定碳含量较低，且水分和挥发分含量较高，经过破碎后，水分和挥发分容易从煤尘内部挥发，导致在相同堆积条件下褐煤的堆体密度低。

比表面积是表征材料吸附能力和传质速率的一个重要指标。目前常用的表征方式有三种：单点比表面积、BET(Brunauer-Emmett-Teller)比表面积和朗缪尔(Langmuir)比表面积。其中，单点比表面积是指单位质量物料中活性组分的比表面积，用于描述固体颗粒的粒度大小和分散程度。单点比表面积越大，表示颗粒越小、颗粒分散越均匀，对于反应速率和吸附等化学过程有着重要影响。BET 比表面积是一种用于评估吸附材料比表面积的方法，可以描述表面反应活性、物质传递速率等问题。Langmuir 比表面积常用于评估吸附剂、孔隙材料等的吸附性能和传质速率等，也可以用于描述分子筛、多孔材料等微观结构的物理性质和应用特性。作者团队计算得到了不同模型下褐煤、烟煤和无烟煤的比表面积，见图 1-2。在单点比表面积和 BET 比表面积中，褐煤的比表面积最高，而烟煤和无烟煤的比表面积相差不大。在

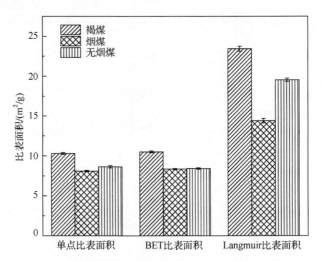

图 1-2　不同模型下褐煤、烟煤和无烟煤的比表面积

采用 Langmuir 比表面积模型计算时，三者之间的差异变得显著。具体表现为，褐煤(23.11 m²/g)的 Langmuir 比表面积是烟煤(14.09 m²/g)的 1.64 倍。产生这种差异的原因在于褐煤含有腐殖酸，使得褐煤具有较大的孔隙和比表面积，且褐煤内部具有较高含量的水分和挥发分，经破碎后，水分和挥发分挥发会形成许多细微的孔洞，从而增加了比表面积。而烟煤中不含游离的腐殖酸，且水分和挥发分含量较少，因此破碎后孔隙结构较少，导致其比表面积较小。褐煤煤尘的比表面积显著高于烟煤和无烟煤煤尘，因此褐煤煤尘的吸附能力更强、传质速率更快。

3) 微生物抑尘剂在煤尘上的润湿性

微生物抑尘剂在煤尘上的润湿性越好，越能增强微生物抑尘剂在煤尘中的附着和入渗，并进一步促进 MICP 过程的发生。研究微生物抑尘剂在不同变质程度煤炭上的接触角，可以反映微生物抑尘剂在不同煤尘中的润湿特征，如果煤尘与微生物抑尘剂之间的接触角小于90°，则说明煤尘具有良好的润湿性；煤尘的润湿性越好，则接触角越小。可以看出，随着煤炭变质程度增加，煤尘接触角逐渐增大。褐煤的接触角最小，为 57.32°；无烟煤的接触角最大，为 62.12°(图 1-3)。

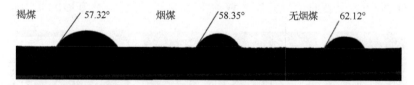

图 1-3　微生物抑尘剂在不同变质程度煤炭上的接触角

1.3.2　微生物抑尘剂对不同变质程度煤尘的抑尘性能

1) 煤尘固结体的抗蚀性能

抗蚀测试分析发现，三种不同变质程度的煤尘经微生物抑尘剂处理后，煤尘固结体的质量损失均较少，风蚀率和雨蚀率分别低于4%和 17%，抗风蚀率均达到了 96%以上，抗雨蚀率高于 83%，抗风蚀和雨蚀效果显著。特别是，褐煤的抗风蚀和抗雨蚀性能最好(图 1-4)。

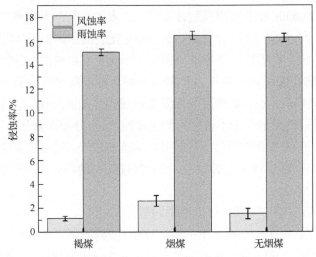

图 1-4 喷洒微生物抑尘剂后的煤尘抗侵蚀性能

2) 煤尘固结体微观形貌

图 1-5 为煤尘固结体表面扫描电子显微镜(SEM)图和能量色散 X 射线谱(EDS)图,从图 1-5 中可以看出,褐煤、烟煤、无烟煤煤尘表面均产生了球形沉淀物质,由 EDS 图发现,沉淀的组成元素均为 C、O 和 Ca,三者原子分数比大致为 1∶3∶1,即球形及方形沉淀物质

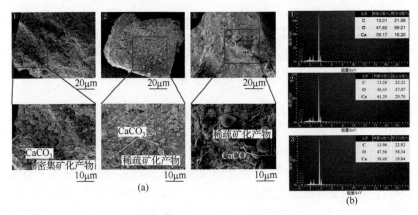

图 1-5 煤尘固结体表面 SEM 图(a)和 EDS 图(b)
①、②、③分别为褐煤、烟煤、无烟煤

为 $CaCO_3$ 沉淀。此外，褐煤煤尘中的 $CaCO_3$ 比较密集；烟煤中的 $CaCO_3$ 最稀疏，只在煤尘表面零星分布；无烟煤中的 $CaCO_3$ 较稀疏，但体积较大。

3) 煤尘固结体晶体特征

为进一步验证微生物矿化产物是 $CaCO_3$，对三种煤尘固结体进行 X 射线衍射(XRD)分析，并与球霰石和方解石的标准图谱进行比对。由图 1-6 可以发现，经微生物处理后的三种煤尘中均发现了球霰石和方解石的特征衍射峰，这进一步证明了矿化产物 $CaCO_3$ 在煤尘中的生成。

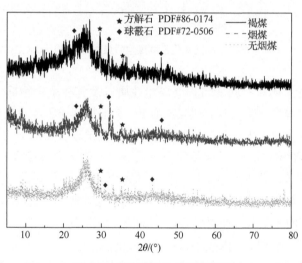

图 1-6　煤尘固结体的晶体特征

4) 煤尘固结体中 $CaCO_3$ 质量占比率

图 1-7 为微生物抑尘剂在不同变质程度煤尘中的 $CaCO_3$ 产量结果，从图 1-7 中可以看出，褐煤固结体中 $CaCO_3$ 质量占比率最高，约为 0.15%，是烟煤的 1.25 倍。由于褐煤具有更大的比表面积和极佳的润湿性，当喷洒微生物抑尘剂后，褐煤煤尘能更好地吸附抑尘剂，并为其提供附着位点进行 MICP 过程，最终大量产生 $CaCO_3$ 沉淀并附着在褐煤煤尘上，形成紧实致密的固结体以抵抗风雨侵蚀。

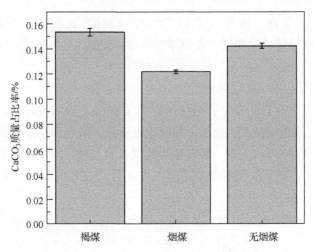

图 1-7　微生物抑尘剂作用不同变质程度煤尘后煤尘固结体中 $CaCO_3$ 质量占比率

　　通过上述对不同变质程度煤尘性质以及其在微生物抑尘剂作用下的抑尘效果分析发现，褐煤、烟煤、无烟煤变质程度由低到高，煤种的水分含量、灰分含量、挥发分含量和固定碳含量均不相同。随着变质程度的增加，水分、挥发分含量减少，固定碳含量增加。同时，在生产破碎过程中产生了不同性质的粉尘。其中，烟煤的粒径分布比褐煤和无烟煤集中，在堆积过程，颗粒之间形成较大空隙，表现较为松散。然而，无烟煤和褐煤的粒径在较大范围内均有明显分布，这导致在堆积过程中，空隙被小颗粒堵塞的概率增大。褐煤中存在大量密度低的腐殖酸，固定碳含量低，且水分和挥发分含量较高，经破碎后，水分和挥发分从煤尘内部挥发，导致在相同堆积条件下褐煤的堆体密度低。无论是单点比表面积、BET 比表面积还是 Langmuir 比面积，褐煤煤尘均最大。随变质程度增加，微生物抑尘剂对煤尘的润湿性逐渐降低，接触角逐渐增大。通过对三种不同变质程度的煤尘喷洒微生物抑尘剂发现，形成的煤尘固结体抗蚀效果较好，其中，抗风蚀率均达到了 96% 以上，抗雨蚀率高于 83%。特别是，褐煤的抗风蚀和抗雨蚀性能最好。褐煤、烟煤、无烟煤煤尘表面均产生了球形沉淀物质，由 EDS 和 XRD 分析发现，沉淀物质为 $CaCO_3$ 沉淀。褐煤煤尘中的 $CaCO_3$ 比较密集；烟煤中的 $CaCO_3$ 最稀疏，只在煤尘表面零星分布；无烟煤中 $CaCO_3$ 较稀疏，但体积较大。褐煤中 $CaCO_3$ 产量最高，约为 0.15%。由以上研究可以得出，微生物抑尘剂能通过在煤尘空隙中形成 $CaCO_3$ 沉淀充填于粉尘中发挥空隙填充、架桥和黏结作用，将不同变质程度煤尘高效固结，并发挥较强的抗侵蚀作用，在露天煤矿的粉尘防治中具有潜在的抑尘性能，同时，其抗侵蚀性与煤尘的性质密切相关。

1.3.3 微生物抑尘剂对不同煤土比混合粉尘抑尘性能的影响

事实上，煤矿路面的粉尘多是混合物，其主要由土尘、散落的煤尘等组成，分别来源于矿区土壤和煤炭，距离装卸场所的远近又使粉尘中煤尘和土尘所占的比例不同。由于土尘和煤尘特征差异，具有不同煤土比(煤尘：土尘，质量比)的粉尘对微生物抑尘剂的抑尘性能会产生不同影响。为此，作者团队将粒径为 40～80 目的煤尘和土尘，按照 1：0、3：2、1：1、2：3、0：1 的比例混合，制成五种不同煤土比的混合粉尘样品,研究了微生物抑尘剂对不同煤土比混合粉尘样品的抑尘性能。

1) 不同煤土比混合粉尘固结体的抗风蚀性

五种不同煤土比混合粉尘固结体抗风蚀性测试结果如图 1-8 所示。可以看出，不同煤土比混合粉尘固结体都展示出较好的抗风蚀性效果，其抗风蚀性均达到了 99%以上。但不同煤土比混合粉尘固结体的质量损失存在差异。质量损失最多的为煤土比 1：0(纯煤尘)的样品(0.95%)，质量损失最少的为煤土比 0：1(纯土)样品(0.51%)，纯煤尘样品的质量损失约为纯土尘样品质量损失的 1.86 倍。

2) 不同煤土比混合粉尘固结体的抗雨蚀性

五种不同煤土比混合粉尘固结体的抗雨蚀性测试结果如图 1-9 所示。可以看出，五种样品都展示出了较好的抗雨蚀性，抗雨蚀效果随样品中土尘比例升高而提高，这与抗风蚀效果一致，但抗雨蚀效果弱于抗风蚀效果。

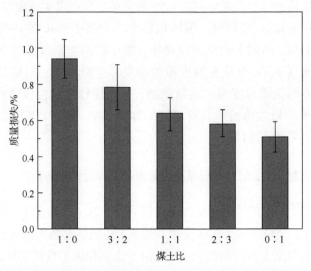

图 1-8　五种不同煤土比混合粉尘固结体的抗风蚀性

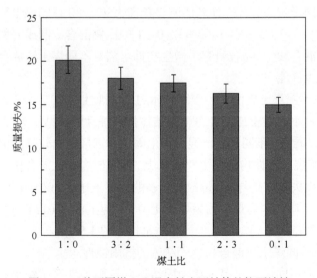

图 1-9　五种不同煤土比混合粉尘固结体的抗雨蚀性

3) 不同煤土比混合粉尘固结体的 CaCO₃ 质量占比率

经微生物抑尘剂处理后，五种不同煤土比混合粉尘固结体的 CaCO₃ 质量占比率如图 1-10 所示。可以看出，随着土尘含量的增加，样品中 CaCO₃ 质量占比率增加，与前面中的抗风蚀、抗雨蚀结果一致。这进一步证实了 CaCO₃ 在粉尘固结中的作用，也表明土尘含量越高，越能促进微生物抑尘剂中 CaCO₃ 的生成。

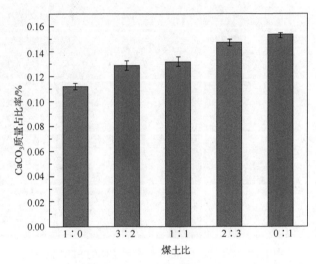

图 1-10　不同煤土比混合粉尘固结体的 CaCO₃ 质量占比率

4) 不同煤土比混合粉尘固结体的微观形貌

通过 SEM 观察和分析了不同煤土比混合粉尘固结体的微观形貌，发现经微生物抑尘剂处理的粉尘样品，相邻的粉尘颗粒互相连接，孔隙被充填(图 1-11 c～g)。EDS 中可以看出胶结过后的样品中含有大量的 C、O、Ca 元素(图 1-11 c～g)，且这三种元素的含量比固结前的煤尘和土尘中的元素含量(图 1-11 a 和 b)大得多。粉尘具有一定程度的疏水性，颗粒之间较松散，缺乏胶结，这种状态下的粉尘易受风的影响，在实际环境中容易造成扬尘污染。经过微生物抑尘剂喷洒后的样品，粉尘颗粒之间的空隙逐渐被填满，颗粒间堆积得更加紧密，固结成整体，从而有效防止二次扬尘。

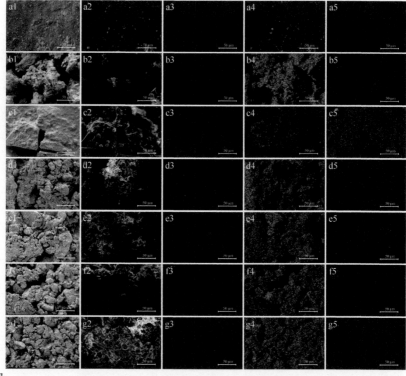

图 1-11　不同煤土比混合粉尘固结体的 SEM-EDS

a 为纯煤尘样品；b 为纯土尘样品；c～g 为煤土比为 1∶0、3∶2、1∶1、2∶3、0∶1 的粉尘固结后的样品；1 为 SEM 图像；2 为局部放大 SEM 图像；3～5 为 C、O、Ca 元素 EDS 能谱

5) 不同煤土比混合粉尘固结体晶体特征

图 1-12 为不同煤土比混合粉尘固结前后的 XRD 谱图。固结后的样品在 $2\theta=20.92°$、$26.78°$、$27.98°$、$36.78°$、$50.22°$等附近出现特征衍射峰，均符合 $CaCO_3$ 的特征峰[79]，且对应为方解石型 $CaCO_3$。这证明添加微生物抑尘剂后，产脲酶菌会与粉尘黏结，过程中会生成矿化产物 $CaCO_3$，黏结粉尘颗粒。在所有 $CaCO_3$ 的晶型中，方解石型 $CaCO_3$ 是热力学最稳定的形式，在实际应用中能够长时间固化粉尘，不易分解[80]。另外，固结后的样品中还出现了 $CaCO_3$ 衍射强度的增大，且衍射强度随土尘比例的增加而增大，结晶度越高，因此粉尘固结的能力越强。

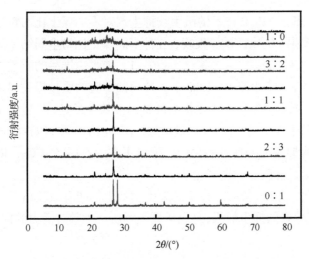

图 1-12　不同煤土比混合粉尘固结前后的 XRD 谱图

黑色为固结前；灰色为固结后

1.4　本 章 小 结

本章通过综述 MICP 技术的途径、原理及应用发现，该技术已在土壤和砂粒固结、混凝土裂缝修复、重金属污染治理、碳封存等领域得到了广泛关注，因此是一种颇有前景的工程技术手段。通过将基于 MICP 技术的微生物抑尘剂应用在不同变质程度煤尘及煤土比的粉尘防治上，发现：

(1) 基于 MICP 技术的微生物抑尘剂能够固结不同变质程度煤尘，在煤尘防治领域具有可行性。从粉尘粒径、比表面积、堆体密度以及润湿性等特性表征发现，微生物抑尘剂对褐煤的抑尘潜能最大。抑尘结果表明，经微生物抑尘剂处理后的三种不同变质程度煤尘固结体抗风蚀率均在 96% 以上，抗雨蚀率高于 83%。XRD 和 SEM 分析发现，不同变质程度煤尘固结体中均产生了方解石型和球霰石型 $CaCO_3$ 沉淀，证明了抗蚀性能的提升归因于矿化产物 $CaCO_3$ 的胶结作用。

(2) 基于 MICP 技术的微生物抑尘剂对不同煤土比的粉尘也产生了固结效果。抗风蚀试验发现，五种不同煤土比粉尘固结体的质量损失依次为 1∶0>3∶2>1∶1>2∶3>0∶1，纯煤尘样品的质量损失约为纯土尘样品质量损失的 1.86 倍；抗雨蚀试验的质量损失规律与抗风蚀试验一致，仍然以纯土尘样品的抗雨蚀效果最好，且随土尘含量增加，样品中产生的 $CaCO_3$ 含量增加；SEM-EDS 和 XRD 测试表明，经微生物抑尘剂处理的粉尘中均形成了方解石型 $CaCO_3$，能够有效黏结粉尘，并防止二次扬尘。

因此，基于 MICP 技术的微生物抑尘剂能有效胶结不同类型粉尘，具有较好的抑尘效果，是煤矿露天场所一种颇有潜力的抑尘材料。

第 2 章　微生物抑尘剂菌种的筛选及驯化

产脲酶菌是 MICP 过程尿素水解途径中脲酶的来源,影响着尿素的分解速度和数量,同时,菌体本身的成核位点作用又能促进碳酸钙结晶,因此,产脲酶菌的选择对微生物抑尘剂的性能发挥具有重要作用。本章从不同环境中筛选了一系列可用于 MICP 过程的产脲酶菌及菌群,对比分析其生长特征、脲酶活性、矿化特征等,为微生物抑尘剂的研发和深入研究奠定基础。

2.1　纯培养产脲酶菌

2.1.1　纯培养产脲酶菌的筛选

作者团队从煤炭、矿区土壤中筛选出了多株产脲酶菌,其中,典型的为 X3、X4、SZS1-3 和 SZS1-5(图 2-1)。其中,菌株 SZS1-3 和 X4 为革兰氏阴性菌,菌株 SZS1-5 为革兰氏阳性菌,而菌株 X3 是霉菌,不具有革兰氏染色鉴定的意义。菌株邻接系统发育树(图 2-2)研究发现,菌株 X3、X4、SZS1-3 和 SZS1-5 分别与 *Aspergillus sydowii*[基因库(GenBank)编号: MH801880.1]、*Bacillus* DB-6(GenBank 编号: JF734332.1)、*Acinetobacter guillouiae* CIP 63.46(GenBank 编号: MW182407)和 *Staphylococcus caprae* ATCC 35538(GenBank 编号: MW186146)的同源性置信度达到 97%、99%、100% 和 99%。因此,X3、X4、SZS1-3 和 SZS1-5 分别为曲霉菌属(*Aspergillus*)、芽孢杆菌属(*Bacillus*)、不动杆菌属(*Acinetobacter*)和葡萄球菌属(*Staphylococcus*)。

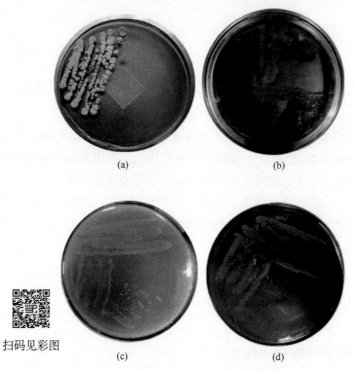

扫码见彩图

(a)　　　　　　　　　　(b)

(c)　　　　　　　　　　(d)

图 2-1　筛选出的产脲酶菌

(a) X3；(b) X4；(c) SZS1-3；(d) SZS1-5

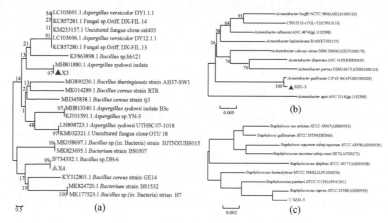

图 2-2　菌株邻接系统发育树

(a) X3 和 X4；(b) SZS1-3；(c) SZS1-5

2.1.2　纯培养产脲酶菌的生长特征

纯培养产脲酶菌 X3、X4、SZS1-3 和 SZS1-5 生长曲线如图 2-3 所示，可以看出，菌株的生长过程都呈"S"形曲线趋势，但不同菌株的适应能力和代谢存在差异，因此不同菌株的延迟期、对数期、稳定期以及衰亡期的持续时间各不相同：在 24h 之前，菌株 X3 处于延迟期，此时期的细胞干重没有增加；在 24~66h，X3 处于对数期，活菌数和总菌数大致接近；在 66~96h，活菌数保持相对稳定，总菌数达到最高水平，X3 处于稳定期。而对于菌株 X4 而言，大约 4h 之前为延迟期，随后，吸光度(OD_{600})值迅速上升，在 4~22h 处于对数期，22h 之后进入稳定期。对于菌株 SZS1-3 和 SZS1-5 而言，0~6h 为两

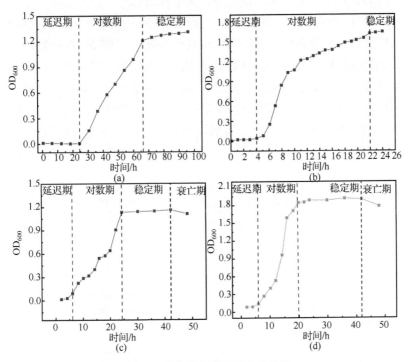

图 2-3　纯培养产脲酶菌生长曲线
(a) X3；(b) X4；(c) SZS1-3；(d) SZS1-5

种细菌生长的延迟期；6~24h 为菌株 SZS1-3 生长的对数期，该阶段细菌生长达到最大速率；6~20h 为菌株 SZS1-5 生长的对数期；24~42h 为菌株 SZS1-3 生长的稳定期；20~42h 为菌株 SZS1-5 的生长稳定期，细菌数量基本维持不变；42h 后菌株 SZS1-3、SZS1-5 进入衰亡期，细菌数量开始缓慢下降。

2.1.3　纯培养产脲酶菌的脲酶活性

产脲酶微生物的脲酶活性与微生物生长速率呈正相关。在对数生长期细菌生长达到最大速率，脲酶活性也迅速升高[图 2-4(a)]，在细菌生长的稳定期，脲酶活性缓慢增加至峰值，进入衰亡期后，细菌数量开始缓慢下降，脲酶活性呈现快速下降的趋势。

同时，脲酶在不同菌株中的分布特征不同。例如，菌株 X3 完整细胞的纯菌液脲酶活性较低[0.31mmol/(L·min)]，上清液脲酶活性较高[3.24mmol/(L·min)]；而 X4 菌株的脲酶分布检测结果与 X3 相反，上清液显示了更低的脲酶活性[0.18mmol/(L·min)][图 2-4(b)]。这表明，菌株 X3 和 X4 分泌的脲酶分别以胞外酶和胞内酶的形式存在。进一步对菌株 X4 的另外两种组分(细胞裂解后的可溶性组分和不溶性组

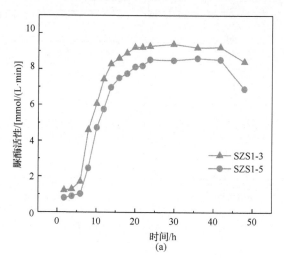

(a)

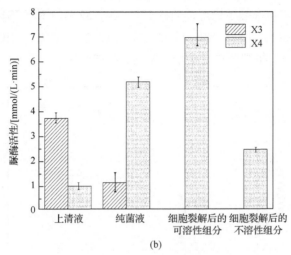

图 2-4　纯培养产脲酶菌脲酶活性特征
(a) 菌株 SZS1-3 和 SZS1-5；(b) 菌株 X3 和 X4

分)进行脲酶活性测定发现，菌株 X4 细胞裂解后的可溶性组分显示更高的脲酶活性[6.89mmol/(L·min)]，这说明菌株 X4 的脲酶主要位于细胞内的可溶性组分中。研究表明，当细胞内酶微生物受到诸如物理(超声破碎、冻融和液氮研磨)、化学(有机溶剂、抗生素、表面活性剂、金属螯合剂和变性剂等)或生物(溶菌酶和蛋白酶等)因素影响后，细胞壁被破坏，细胞内的脲酶将被释放到溶液中。因此，对于菌株 X4 而言，其尿素水解过程的速率受限于细胞摄取尿素和释放产物的步骤，脲酶在细胞内的存在会对脲酶作用的发挥产生一定的影响。然而，也正是由于细胞壁的保护，可能更有利于菌株 X4 在恶劣环境中保持相对稳定的脲酶活性并发挥作用。

2.1.4　纯培养产脲酶菌的矿化特征

对菌株 X3、X4、SZS1-3 和 SZS1-5 的矿化率进行测定发现，在第 3d，X3、X4 和 SZS1-3 的矿化率均接近 0%，SZS1-5 的矿化率达到 38%，随着时间的增加，在第 9d，X3、X4 和 SZS1-5 的矿化率分别达到 32%、44%和 50%，而菌株 SZS1-3 的矿化率仍为 0。在第 15d

各菌株的矿化率趋于稳定，菌株 X3、X4、SZS1-3 和 SZS1-5 的矿化率分别达 38%、63%、40% 和 92%(图 2-5)。究其原因，MICP 是一个缓慢的进程，将细菌接种于培养基后，菌株开始生长并分泌脲酶，在

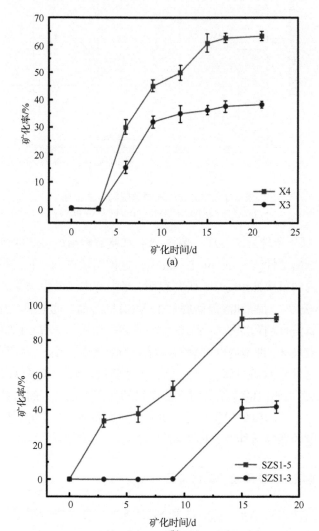

图 2-5　纯培养产脲酶菌矿化率变化

(a) 菌株 X3 和 X4；(b) 菌株 SZS1-3 和 SZS1-5

脲酶作用下尿素被不断水解生成 CO_3^{2-} 和 NH_4^+，只有当溶液中 CO_3^{2-} 和 Ca^{2+} 的浓度乘积达到碳酸钙的溶度积常数(K_{sp})，即过饱和时，才会开始产生碳酸钙沉淀。而在加入氯化钙后，培养基中会出现白色絮状沉淀，Ca^{2+} 浓度降低。推测这是 $CaCO_3$、$Ca(OH)_2$ 和 $Ca_3(PO_4)_2$ 混合沉淀物，三者的溶度积常数分别为 $3.36×10^{-9}$、$4.7×10^{-6}$ 和 $7.1×10^{-7}$，由于培养基中含有 OH^- 和 $H_2PO_4^-$，当瞬时加入大量 Ca^{2+} 时，Ca^{2+} 会与 OH^- 及 $H_2PO_4^-$ 电离出的 PO_4^{3-} 反应，产生白色絮状沉淀 $Ca(OH)_2$ 和 $Ca_3(PO_4)_2$。此外，菌株 X3 矿化率低的原因主要是菌株 X3 是一株霉菌，随着培养时间增加，其菌丝体会通过孢子萌发、相互缠绕和聚集等作用形成菌丝球，一方面，会改变液体的流变性，使培养液黏稠度增加，阻碍氧气的输入并减小氧气的溶解度，降低菌株的代谢活性；另一方面，菌丝相互缠绕，导致氧气向菌丝球内部菌体传输的数量降低，球心的菌丝体发生自溶，抑制微生物活性，因而缩短矿化时间，降低矿化率。

　　EDS 表明，各产脲酶菌株矿化沉淀的组成元素均为 C、O 和 Ca，原子分数比约为 1∶3∶1，符合碳酸钙的元素组成及比例。SEM 图像中显示的微观形态表明，菌株 X3、X4 和 SZS1-5 的矿化产物大多数为球形，这是因为球霰石型碳酸钙在所有碳酸钙存在相中属于低密度物相，成核速率快，因此在矿化过程中首先形成的便是球霰石(图 2-6)。此外，部分矿物沉淀出现了纺锤状或哑铃状结构，这是因为当球霰石单晶按照特定角度排列的晶粒纤维向周围各方向放射生长时，由于沉淀时间和接触机会的差异，各晶粒排列不均衡，会形成纺锤状或哑铃状结构，随着单晶纤维不断增多，棒状末端逐渐合拢，最终变成球形，由此可见，产脲酶菌的矿化产物中出现的纺锤状或哑铃状结构是单晶晶粒向球形团聚体转化的中间形态。而菌株 SZS1-5 的最终矿化产物的结构主要为簇状或纺锤状。菌株矿化产物表面均出现了孔洞，与菌体大小相仿[图 2-6(e)和(f)]。这是由于在细菌矿化过程中，细胞可以作为碳酸钙的成核位点，随后在清洗过程中碳酸钙脱落，导致其在细胞矿化原位置存留孔洞，因而矿物孔洞的存在可为产脲酶菌矿化成核提供论据。

图 2-6(i)和(j)为 X3、X4、SZS1-3 和 SZS1-5 产脲酶菌矿化产物的

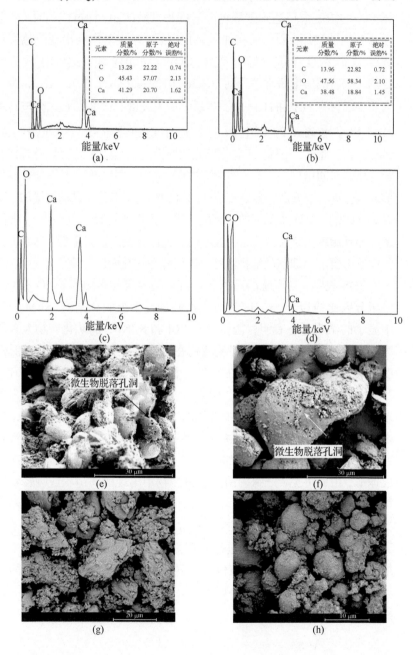

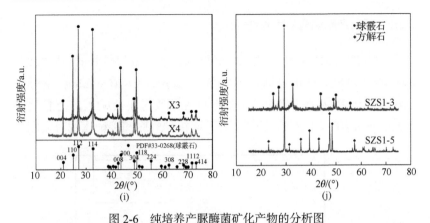

图 2-6　纯培养产脲酶菌矿化产物的分析图

(a)、(b)、(c)、(d)分别为菌株 X3、X4、SZS1-3、SZS1-5 的 EDS；(e)、(f)、(g)、(h)分别为菌株 X3、X4、SZS1-3、SZS1-5 的 SEM 图像；(i)、(j)为菌株 X3、X4、SZS1-3、SZS1-5 产脲酶菌矿化产物的 XRD 谱图

XRD 谱图。X3、X4 和 SZS1-3 产脲酶菌株的矿化产物均在 $2\theta=21.00°$、$24.94°$、$27.01°$、$32.75°$、$42.76°$、$43.84°$、$49.10°$、$50.09°$和 $55.81°$等附近出现特征衍射峰，符合球霰石型碳酸钙的特征峰，证明菌株 X3、X4 和 SZS1-3 的矿化产物为球霰石型碳酸钙。菌株 SZS1-5 的矿化产物在 $2\theta=23.00°$、$29.36°$、$31.38°$、$35.96°$、$39.39°$、$43.12°$、$47.42°$、$48.44°$、$57.36°$等附近出现特征衍射峰，符合方解石型碳酸钙的特征峰，证明菌株 SZS1-5 的矿化产物为方解石型碳酸钙。由此可以确定的是，筛选的产脲酶菌纯菌株均能顺利进行 MICP 反应，且生成了晶型各异的碳酸钙沉淀。

2.2　产脲酶菌株的复配

基于单一微生物的矿化效率有限且对环境波动的抵抗力较弱。因此，为获得高脲酶活性、高产钙、高抗逆产脲酶菌种以及提高微生物矿化效率，本节探讨了基于复配产脲酶菌的 MICP 体系的矿化能力。

2.2.1 复配产脲酶菌的生长特征

试验选用两株抗逆性强、脲酶活性高、矿化效果较好的产脲酶菌，包括筛选自电石渣的高效产脲酶菌 *B. cereus* CS1(GenBank 编号：MH985305)和从中国普通微生物菌种保藏管理中心购买的产脲酶菌 *S. pasteurii* ATCC11859。图 2-7 为不同接种顺序和接种比例对复配产

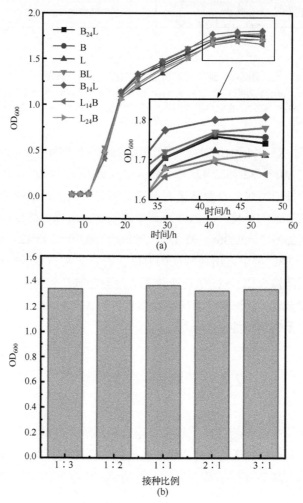

图 2-7　不同接种顺序和接种比例对复配产脲酶菌生长情况的影响

脲酶菌生长情况的影响，结果表明先接种 *S. pasteurii* 14h 后再接种 *B. cereus* CS1 的复配体系 $B_{14}L$ 的生长情况最优，OD_{600} 值最大可以达到 1.804。当 *S. pasteurii* 和 *B. cereus* CS1 的接种比为 1∶1 时，复配菌的 OD_{600} 值最大，为 1.37。

2.2.2　复配产脲酶菌的脲酶活性特征

图 2-8 为接种顺序和接种比例对复配产脲酶菌脲酶活性的影响。先接种 *S. pasteurii* 14 h 后，进入对数增长期，此时再接种 *B. cereus* CS1，由于营养物质充足、细胞分泌物质较少以及对数期细胞对环境影响的抵抗能力较强，因此 *B. cereus* CS1 的接种不会影响 *S. pasteurii* 的生长，甚至 *S. pasteurii* 早期分泌的蛋白物质等能促进 *B. cereus* CS1 的生长和脲酶合成，因此，复配菌 $B_{14}L$ 的生长量和脲酶活性最大[图 2-8(a)]。另外，当 *S. pasteurii* 和 *B. cereus* CS1 的接种比例为 1∶1 时，复配菌的脲酶活性最高[3.87mol/(L·min)]，显著高于其他接种比例[显著性 $p<0.05$，图 2-8(b)]，因此，2.2.3 小节中的复配菌株使用 *S. pasteurii* 和 *B. cereus* CS1 接种比例为 1∶1 的 $B_{14}L$ 菌株。

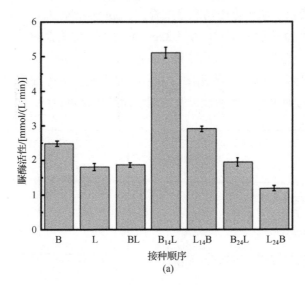

(a)

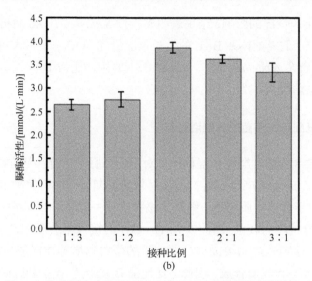

图 2-8　接种顺序和接种比例对复配产脲酶菌脲酶活性的影响

2.2.3　复配产脲酶菌的矿化特征

　　S. pasteurii、*B. cereus* CS1 以及复配产脲酶菌的矿化产物分析如图 2-9 所示。从矿化产物产量来看，*S. pasteurii* 和 *B. cereus* CS1 的矿化产物产量分别为 1.17g 和 1.32g，而复配产脲酶菌的矿化产物产量为 2.18g，分别是 *S. pasteurii* 和 *B. cereus* CS1 单菌的 1.86 倍和 1.65 倍，明显高于纯培养产脲酶菌[图 2-9(a)]，证明利用复配细菌的方式来提高微生物抑尘剂脲酶活性以及工程应用效果是可行的。

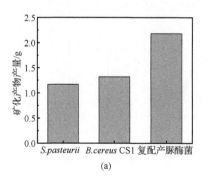

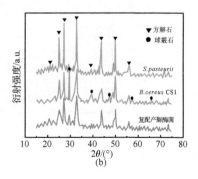

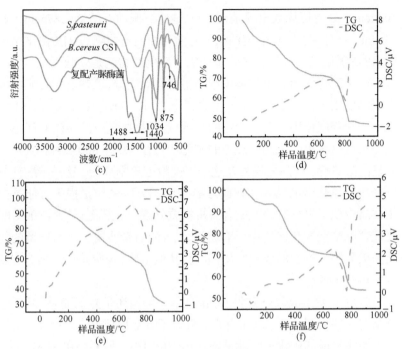

图 2-9　*S. pasteurii*、*B. cereus* CS1 以及复配产脲酶菌的矿化产物分析

(a) 为矿化产物产量；(b)为 XRD 谱图；(c) 为 FTIR 谱图；(d)、(e)、(f)分别为 *S. pasteurii*、*B. cereus* CS1、复配产脲酶菌的 TG-DSC 热重分析曲线；TG-失重率；DSC-热流

　　方解石、球霰石是自然界中碳酸钙存在的两种主要晶型，试验中发现，矿化产物中既有球霰石也有方解石的存在。利用 XRD 对矿化产物的晶体类型进行分析发现，纯培养和复配产脲酶菌的矿化产物在 $2\theta = 25.0°$、$27.1°$、$32.8°$、$43.9°$、$49.2°$、$55.9°$处均出现了球霰石型碳酸钙(PDF#33-0268)的特征衍射峰，在 $2\theta = 29.4°$、$43.1°$、$48.5°$、$57.3°$处出现方解石型碳酸钙(PDF#05-0586)的特征衍射峰[图 2-9(b)]。从矿化产物的傅里叶变换红外光谱(FTIR)[图 2-9(c)]中可以看出，三种矿化产物在 1488cm^{-1}、1440cm^{-1}、1034cm^{-1}、875cm^{-1} 和 746cm^{-1} 处均出现了特征衍射峰，这些特征峰都是碳酸钙的特征伸缩振动峰。其中，1488cm^{-1} 处特征峰的出现是碳酸钙中的 C=O 键反对称伸缩振动的结果，1440cm^{-1} 处特征峰的出现是 C=O 键对称伸缩振动的结果，

$1034cm^{-1}$ 处特征峰的出现是 C—O 键伸缩振动的结果，$875cm^{-1}$ 和 $746cm^{-1}$ 处分别为 C=O 键的面外弯曲和面内弯曲峰。FTIR 测试结果同 XRD 测试结果一致，进一步证明了矿化产物就是碳酸钙。

矿化产物作为微生物抑尘剂的主要有效成分，其热稳定性影响抑尘剂的使用寿命。图 2-9(d)～(f)分别为 *S. pasteurii*、*B. cereus* CS1 和复配产脲酶菌作用下矿化产物的热重-差示扫描量热(TG-DSC)曲线。从图中可以看出，不同处理下的矿化产物在 700～800℃附近有一个明显的吸热峰，样品的质量在这个温度附近急剧降低，这是碳酸钙分解释放二氧化碳的结果，在此之前(700℃以下)的质量损失可能是由于样品中残留水分的蒸发或者有机物质分解。当温度上升到 800℃时复配产脲酶菌矿化产物中仍有超过 50%的质量残留，质量残留的物质为碳酸钙分解后形成的氧化钙以及其他杂质，表明矿化产物拥有良好的热稳定性。

EDS 元素组成分析表明，无论是单一细菌还是复配细菌，其矿化产物均主要由 C、O 和 Ca 组成，且原子分数比接近 1:3:1，这进一步说明形成的矿化产物就是碳酸钙(图 2-10)。另外，在 SEM 图像

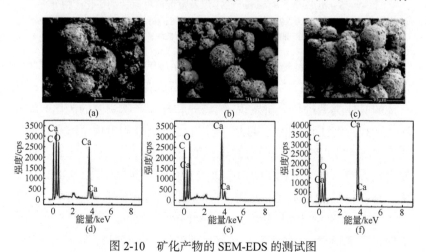

图 2-10　矿化产物的 SEM-EDS 的测试图

(a)、(d)为 *S. pasteurii*；(b)、(e)为 *B. cereus* CS1；(c)、(f)为复配产脲酶菌

中可以看出经过 *S. pasteurii*、*B. cereus* CS1 和复配产脲酶菌处理下的矿化产物均为直径在 10μm 左右的球形碳酸钙。复配产脲酶菌处理的情况下，矿化产物粒径尺寸更加均匀，连接更加紧密，表明菌株在复配产脲酶菌处理条件下更有利于晶体和晶体间连接的形成。究其原因，可能是复配条件下细菌增殖增加了细胞的成核位点和增强脲酶活性，碳酸钙晶体的产生以及晶体之间碰撞结合的机会增多。也有学者认为细菌分泌的某些蛋白质会调控晶体的形成以及促使晶体间的相互连接，未来还需要进一步研究。

2.3　产脲酶菌群

虽然将两种产脲酶单菌(*S. pasteurii* 和 *B. cereus* CS1)复配能够提高矿化效率，但是操作过程较为烦琐，且复配菌株对外界环境的抵抗力和脲酶活性的稳定性有待进一步提高，而菌群能够利用微生物共生、合作以及群体效应等生态和分子机制发挥更大的作用。因此，在开放环境下选择性富集具有高稳定性的产脲酶菌群可能是解决以上问题的重要途径。

2.3.1　产脲酶菌群的脲酶活性特征

作者团队从废弃活性污泥(WAS)中选择性富集了产脲酶菌群，产脲酶菌群的富集条件为尿素 10g/L、NH_4Cl 5g/L、酵母浸粉 20g/L、$NiSO_4$ 0.01g/L、NaCl 10g/L、pH = 10，其脲酶活性和比脲酶活性的结果如图 2-11 所示。可以看出，在 17~45h，产脲酶菌群比脲酶活性从(6.8 ± 0.6)mmol/(L · min · OD)降低到(5.3 ± 0.2)mmol/(L · min · OD)，而脲酶活性几乎稳定在(6.3 ± 0.3)mmol/(L · min)，并未降低。这表明产脲酶菌产生的脲酶不会随细菌数量的增加而增加，这可能是因为菌群中存在能够抑制脲酶分泌的细菌，其生长量也会随着时间增加，从而降低了菌群的比脲酶活性。

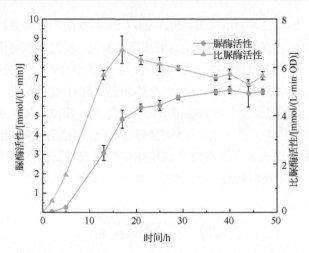

图 2-11　产脲酶菌群脲酶活性和比脲酶活性的结果

2.3.2　产脲酶菌群活性的稳定性

　　产脲酶菌群的脲酶活性稳定性(包括时间稳定性和传代稳定性)，对于工程应用至关重要。图 2-12(a)显示了在室温开放环境下从 WAS 富集的产脲酶菌群的脲酶活性及比脲酶活性的维持时间。第 4d 的脲酶活性和比脲酶活性相比第 1d 分别增加了$(36.4 \pm 7.3)\%$和$(12.8 \pm 3.9)\%$。在第 5～10d，脲酶活性和比脲酶活性保持在(7.0 ± 0.5)～(9.9 ± 1.1)mmol/ (L · min)和(6.8 ± 0.6)～(8 ± 0.7)mmol/(L · min · OD)。整体来看，从 WAS 富集的产脲酶菌群的脲酶活性在 10d 内保持在 6.6mmol/(L · min)以上。与国内曾报道的产脲酶菌群在室温下脲酶活性的稳定性逐渐降低相比，本研究从 WAS 富集的产脲酶菌群的脲酶活性在室温下保持稳定状态，可以满足工业运输的时间需求。

　　连续传代培养的产脲酶菌群脲酶活性及比脲酶活性结果如图 2-12(b)所示，第 2 代的脲酶活性和比脲酶活性突然升高并达到最大值$[(8.1 \pm 0.2)$mmol/(L · min)和(7.8 ± 0.4)mmol/(L · min · OD)]。这可能是因为注入新鲜培养基刺激了脲酶分泌细菌的繁殖再生。从第 3～5 代，产脲酶菌群的脲酶活性在(5.1 ± 0.2)～(6.1 ± 0.3)mmol/(L · min)。有报道表明，由于传代次数的增加，第 5 代纯培养的巴氏芽孢杆菌

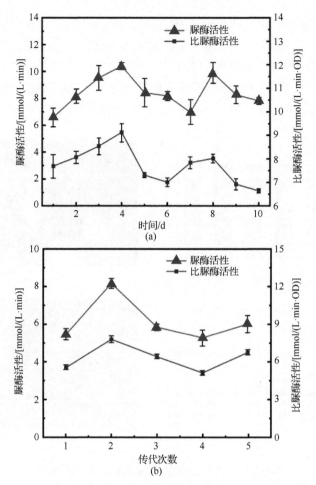

图 2-12　室温下混合培养的产脲酶菌群的脲酶活性及比脲酶活性稳定性
(a) 连续培养 10d；(b) 连续传代培养

(*Bacillus pasteurii*)损失了约 76%的脲酶活性，传代稳定性差。与之相比，从 WAS 中富集的产脲酶菌群的脲酶活性可以长期保持稳定。

2.3.3　产脲酶菌群的矿化特征

最佳富集条件下，混合培养的产脲酶菌群在第 1d 的矿化率就达到了(93±4.6)%(图 2-13)。第 3d，$CaCO_3$ 矿化率接近 100%并达到稳定值。第 5d 后矿化率甚至超过 100%，这可能是由于 WAS 中存在额外的 Ca^{2+}，从而提高了矿化率。本小节混合培养的产脲酶菌群的矿化率明显优于纯培养的产脲酶菌。如 2.1.4 小节中的纯培养产脲酶菌 X3 和 X4 的矿化率在第 1～3d 较低，几乎无矿化产物产生，而产脲酶菌群的矿化率在第 1d 即可高于 90%，体现了产脲酶菌群的高效矿化能力。

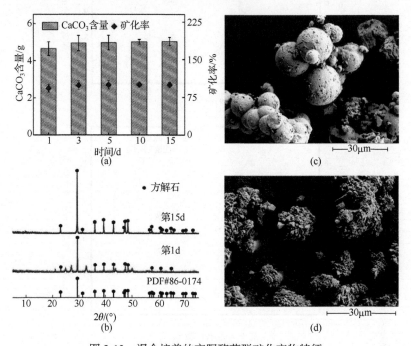

图 2-13　混合培养的产脲酶菌群矿化产物特征

(a) 15d 的矿化率和 $CaCO_3$ 含量；(b) 第 1d 和第 15d 矿化产物的 XRD 谱图；(c)、(d)第 1d、第 15d 矿化产物的 SEM 图像

　　XRD 和 SEM 测量结果显示了产脲酶菌群诱导的 $CaCO_3$ 的发展历程[图 2-13(b)～(d)]。第 1d，产脲酶菌群矿化产生的 $CaCO_3$ 以球形为主，少量菱形。XRD 测定显示产生的 $CaCO_3$ 为方解石和球霰石 $CaCO_3$，并可以在球形 $CaCO_3$ 表面的圆形孔中观察到产脲酶菌。第 1d，大部分初始球形 $CaCO_3$ 的体积较大，从第 3d 开始，$CaCO_3$ 逐渐转变为菱形方解石 $CaCO_3$，体积逐渐减小，$CaCO_3$ 在 15d 聚集形成部

分金刚石簇形方解石。

2.4　本章小结

为丰富脲酶微生物菌种库，推动 MICP 技术在煤矿抑尘领域的发展与应用，作者团队研究了纯培养的产脲酶菌株、不同产脲酶菌株的复配以及产脲酶菌群的生长特征、脲酶活性特征和矿化特征，结果发现：

(1) 矿山环境中普遍存在产脲酶菌株。筛选的典型菌株 X3、X4、SZS1-3 和 SZS1-5 分别隶属于曲霉菌属(*Aspergillus*)、芽孢杆菌属(*Bacillus*)、不动杆菌属(*Acinetobacter*)和葡萄球菌属(*Staphylococcus*)。各菌株的生长过程均为"S"形曲线，在对数生长期细菌生长速率达到最大，脲酶活性也迅速升高，但不同菌株生长的延迟期、对数生长期存在差异，且脲酶的分布特征不同，预示着脲酶作用发挥的差异以及对工程应用的潜在影响；在矿化过程中，菌株 X3、X4、SZS1-3 在溶液中的矿化产物主要为球霰石型碳酸钙，而 SZS1-5 主要为方解石型碳酸钙，且不同菌株的矿化能力存在差异。

(2) 菌株复配可以促使微生物生长和脲酶活性提高。采用两株抗逆性强和脲酶活性高的产脲酶细菌 *B. cereus* CS1 和 *S. pasteurii* 复配发现，相较于纯培养产脲酶菌，其脲酶活性均有提高。先接种 *S. pasteurii* 菌株 14h 后接种 *B. cereus* CS1、接种比例为 1：1 时，脲酶活性能够达到 3.87mmol/(L·min)。经 XRD 和 SEM-EDS 测试，复配产脲酶菌的矿化产物为方解石型和球霰石型碳酸钙，晶体颗粒尺寸均匀，连接更为紧密。同时，其矿化产物碳酸钙的产量均高于单菌。

(3) 产脲酶菌群具备最高的矿化潜力。富集的产脲酶菌群脲酶活性可高达(9.9±1.1)mmol/(L·min)，且在室温下，矿化的第 1d，矿化率就高于 90%，体现了产脲酶菌群快速高效的矿化能力，同时随着时间延长，矿化产物从球形碳酸钙向菱形乃至簇形等晶型转变。经过10d 的连续检测和 5 次连续传代培养后，产脲酶菌群脲酶活性仍然保持稳定，可以满足工业运输需求。

第3章　微生物抑尘剂性能优化

除菌种外，MICP过程涉及的营养液和胶结液成分、浓度、施用措施、野外环境条件等均会影响抑尘剂的性能。工程应用领域，营养液优化被认为是微生物特定性能提升的一种最为安全有效的手段。而胶结液决定了矿化产物的产量，对微生物抑尘剂性能的提升具有重要作用。因此，本章对微生物抑尘剂中营养液和胶结液的成分进行了优化，并探究了施用方法对其抑尘性能的影响。

3.1　营养液的优化

微生物的生长离不开碳源、氮源、无机盐等营养物质，因此，本节对产脲酶菌的营养液进行了优化，以使其更好地发挥作用。

3.1.1　单因素优化

1. 碳源的优化

对于微生物而言，碳源能提供细胞的碳架以及细胞生命活动所需的能量，根据微生物利用率的高低，碳源包括简单碳源(碳原子数目≤2)和复杂碳源(碳原子数目>2)。因此，本小节针对不同碳源进行了优化。

1) 简单碳源

不同蔗糖浓度对菌株X4脲酶活性的影响如图3-1所示，可以看出，细菌的脲酶活性随着蔗糖浓度增加呈先升高后降低的趋势，脲酶活性在蔗糖浓度为9g/L时达到最大[3.26μmol/(L·min)]。而当利用葡萄糖作为碳源时,产脲酶菌 X4 的脲酶活性远高于以蔗糖为碳源的情况(图 2-4)。究其原因,可能是蔗糖是一种二糖,其可维持细菌的代谢,蔗糖浓度的增加有利于细菌的生长、ATP 的合成等,可促进脲酶的分泌。然而,蔗糖的结构较葡萄糖更为复杂,与葡萄糖相比不利于细菌的生长利用,使细菌以蔗糖为碳源时的活性有所降低,导致脲酶活性下降。

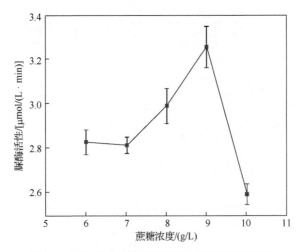

图 3-1　不同蔗糖浓度对菌株 X4 脲酶活性的影响

2) 复杂碳源

由于蔗糖、葡萄糖作为微生物碳源的成本较高,寻找成本低廉的微生物碳源也是 MICP 技术实现工程应用的关键。调研发现,糖蜜是甘蔗或甜菜制糖过程中所产生的副产物,是目前处理难度较大的工业废弃物,但其富含有机质,可以作为微生物碳源,降低碳源成本,然而,截至目前,将糖蜜作为微生物复杂碳源的研究不多。作者团队通过制备糖蜜营养液,研究了糖蜜对产脲酶微生物脲酶活性和矿化性能的影响,为固废物处理和降低 MICP 成本等提供理论依据。

图 3-2 为糖蜜对产脲酶菌 SZS1-5 矿化率和 Ca^{2+} 浓度的影响。当使用糖蜜代替葡萄糖时,SZS1-5 的矿化率明显降低。究其原因,一方面,糖蜜中的糖类以蔗糖为主,蔗糖作为一种二糖,细菌利用蔗

糖的速率低于利用葡萄糖的速率；另一方面，糖蜜废液中含有灰分和具有腐蚀性的有机酸，会使细菌活性变低，导致脲酶活性下降，矿化率降低。由此可见，糖蜜的直接利用对产脲酶菌矿化性能的发挥呈抑制作用，不利于产脲酶菌的矿化和煤尘固结。因此，为了进一步提高产脲酶菌的矿化性能和对糖蜜的利用率，糖蜜的前处理是必要的。

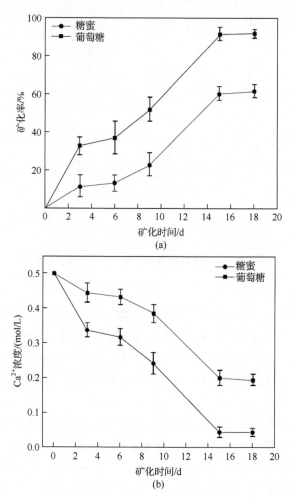

图 3-2 糖蜜对产脲酶菌 SZS1-5 矿化率(a)和 Ca^{2+}浓度(b)的影响

微生物燃料电池(MFC)是一种新型的能源装置，不仅能够自然脱色降解有害物质，同时又可以利用电子的移动产生电能。因此，使用 MFC 降解糖蜜，可以在去除废液中有害物质的同时同步产能，再将降解后的溶液作为碳源，制备微生物培养基，可以充分利用 MFC 出水中的营养物质，并实现对糖蜜完全的废物利用。

作者团队通过对比葡萄糖培养基和 MFC 糖蜜培养基培养的产脲酶菌矿化试验发现(图 3-3)，菌株 SZS1-5 在接种后，葡萄糖培养基和 MFC 糖蜜培养基培养的产脲酶菌 SZS1-5 均开始矿化。3d 之后，MFC 糖蜜培养基中的产脲酶菌 SZS1-5 矿化率明显高于葡萄糖培养基中的产脲酶菌 SZS1-5 矿化率，在第 6d MFC 糖蜜培养基中的产脲酶菌 SZS1-5 矿化率已经达到 95.86%，并逐渐趋于平稳，最终在第 18d 矿化完全，矿化率达到 100%。而葡萄糖培养基中的产脲酶菌 SZS1-5 矿化速率相对较慢，在培养 15d 时其矿化率仅 91.21%，之后趋于稳定，最终矿化率维持在 91.50%，矿化率和最终矿化率明显低于 MFC 糖蜜培养基。究其原因，可能与经 MFC 电解后，糖蜜培养基中产生了大量矿物质、维生素类等物质，且糖蜜也得到了进一步的降解，营养更丰富多样，也更有利于产脲酶菌的生长有关。

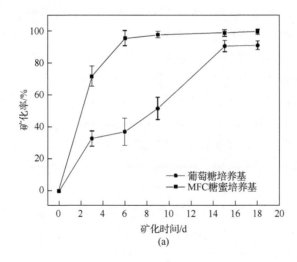

(a)

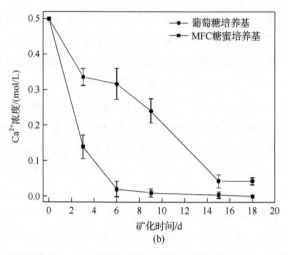

(b)

图 3-3　葡萄糖培养基和 MFC 糖蜜培养基培养产脲酶菌 SZS1-5 的矿化率(a)和
Ca²⁺浓度(b)随时间的变化

2. 氮源的优化

微生物生长和产物合成需要氮源。氮源主要用于菌体细胞物质(氨基酸、蛋白质、核酸等)和含氮代谢物的合成。营养液中使用的氮源可分为两大类：有机氮源和无机氮源，其中酵母浸粉是一种重要的氮源。不同酵母浸粉浓度对细菌 X4 脲酶活性的影响如图 3-4 所示，可以看出，细菌的脲酶活性随酵母浸粉浓度的增加呈先升高后降低的趋势，脲酶活性在 9g/L 时达到最大[4.05μmol/(L·min)]。究其原因，酵母浸粉是以酵母为原料制成的一种富含氨基酸的物质，能维持细菌代谢，因此当酵母浸粉浓度从 5g/L 增加到 9g/L 时，细菌脲酶活性不断升高。然而，在微生物中，脲酶的分泌基本由 *ureA*、*ureB* 和 *ureC* 三个关键基因编码控制，其合成调控机制存在较大差异，尤其是受氮源影响较大。有文献提及，某些细菌在氮源充足时脲酶编码基因无法表达，即在氮源浓度较低时才会合成脲酶。因此，当酵母浸粉的浓度大于 9g/L 后，细菌脲酶活性降低，可能与高浓度氮源下脲酶编码基因表达受到影响有关。

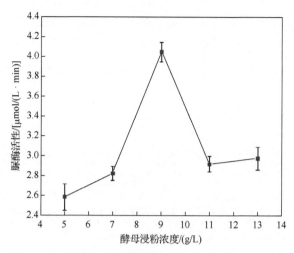

图 3-4　不同酵母浸粉浓度对细菌 X4 脲酶活性的影响

3. 无机盐的优化

　　无机盐可以为微生物提供生长和代谢所需的必需元素，维持细胞渗透压，氯化钠、氯化钙是其中最常用的无机盐。氯化钠对菌株 X4 脲酶活性的影响如图 3-5(a)所示，可以看出，菌株 X4 的脲酶活性随氯化钠浓度增加呈先升高后降低的趋势，脲酶活性在 11g/L 时达到最

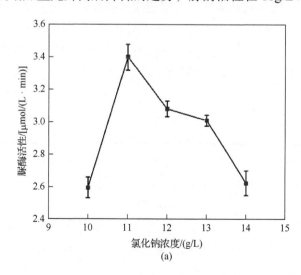

(a)

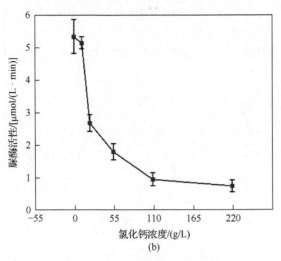

图 3-5　不同无机盐对菌株 X4 脲酶活性的影响
(a) 氯化钠；(b) 氯化钙

大[3.40μmol/(L·min)]。究其原因，氯化钠作为一种无机盐可以为细菌维持稳定代谢，尤其是对膜渗透压的调节，适当的盐浓度可促进膜内外物质的交换，从而使脲酶活性增加。然而，当盐浓度过高时，细菌脱水死亡，导致其脲酶活性降低。在低浓度(0～11.1g/L)氯化钙的条件下，氯化钙对菌株 X4 脲酶活性的抑制作用较弱，然而，继续增加氯化钙的浓度(>22.2g/L)将对菌株 X4 的脲酶活性产生较大影响[图 3-5(b)]。究其原因，可能是氯离子浓度增加，使膜电位发生变化，对细胞渗透压产生影响，抑制微生物的活性，脲酶活性降低。

4. pH 的优化

环境因素也会影响微生物的代谢活性。根据图 3-6，菌株 X4 的脲酶活性随着环境初始 pH 上升呈先升高后降低趋势，在 pH 为 7 时脲酶活性显示最大值[4.1μmol/(L·min)]。然而，当菌株 X4 在酸性(pH = 5)和碱性(pH = 11)环境时，其脲酶活性均受到较大抑制。究其原因，一方面，蛋白质在酸性或碱性条件下将会发生变性，脲酶辅助因子——镍从脲酶中被释放出来，造成酶活性丧失；另一方面，随着酸度或碱度增加，微生物活性降低，导致微生物生长滞后。

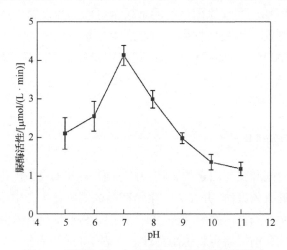

图 3-6　不同初始 pH 对菌株 X4 脲酶活性的影响

5. 尿素的优化

如图 3-7 所示，菌株 X4 在尿素浓度为 0.5mol/L 时显示出最大的脲酶活性[15.8μmol/(L·min)]，随后随着尿素浓度的增加，菌株 X4

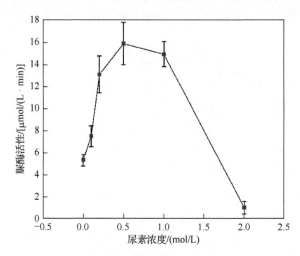

图 3-7　不同尿素浓度对菌株 X4 脲酶活性的影响

的脲酶活性呈下降趋势。但不可否认的是，适量的尿素可以促进脲酶活性的增加。究其原因，可能是尿素可以作为氮源支持微生物生长、合成脲酶，而微生物生长初期产生的氨可以协助微生物产生三磷酸腺苷(ATP)，从而提供更多的代谢能量和更高的酶活性。然而，过高浓度氨的产生，将对细胞产生较大毒性，会抑制微生物的活性，从而降低脲酶活性。

3.1.2　多因素优化

基于时间和交叉因素的影响，响应面法(RSM)成为优化营养液或环境条件的有效方法，并在一些生物产品的规模化生产中得到了广泛应用。本小节选择产脲酶菌株 X4，利用 RSM 优化营养液成分及含量，对比优化前后微生物脲酶活性。从表 3-1 可以看出，8 个因素对响应值(脲酶活性)的显著顺序由大到小为蔗糖、氯化钠、酵母浸粉、蛋白胨、尿素、葡萄糖、牛肉膏、pH，其中蔗糖、氯化钠、酵母浸粉这 3 个因素的显著性可信度均在 80%以上。此外，根据筛选试验[普拉克特-伯曼(Plackett-Burman，PB)设计]得到的各因素预测系数估计值的正负，将氯化钠、酵母浸粉、葡萄糖、牛肉膏归为正因素，将蔗糖、蛋白胨、尿素、pH 归为负因素并作为参照指导后续试验。

表 3-1　PB 试验结果

因素	单因素水平		F 值	p 值	系数估计值	显著排序
	-1	+1				
蔗糖	10	12.5	3.72	0.15	-0.74	1
氯化钠	10	12.5	3.35	0.16	0.70	2
酵母浸粉	5	6.25	2.81	0.19	0.64	3
蛋白胨	10	12.5	1.09	0.37	-0.40	4
尿素	30	37.5	0.75	0.45	-0.33	5
葡萄糖	10	12.5	0.45	0.55	0.26	6
牛肉膏	3	3.75	0.15	0.72	0.15	7
pH	7	8	1.606×10^{-5}	0.99	-1.54×10^{-3}	8

　　根据表 3-1 中各个单因素水平对微生物脲酶的影响趋势,设计了 RSM 试验并对试验结果进行了模型拟合。通过最小二乘回归法拟合模型后,响应面模型的方差分析结果显示(表 3-2),该二次模型 p 值小于 0.05,表示对应的模型项非常显著。变异系数(CV)为 5.78%,表示模型的离散程度良好。模型的相关系数(R^2)为 0.9966,表明变量间的线性关系较好,调整相关系数(adj.R^2)为 0.9866,与 R^2 值接近,这证明回归模型拟合结果的可靠性较好。

表 3-2　响应面模型的方差分析

来源	平方和	自由度 df	均方	F 值	p 值 Prob>F
模型	9.300×10^{-2}	12	7.745×10^{-3}	98.99	2.000×10^{-4}
A-蔗糖	8.338×10^{-4}	1	8.338×10^{-4}	10.66	3.100×10^{-2}
B-氯化钠	1.193×10^{-3}	1	1.193×10^{-3}	15.24	1.750×10^{-2}
C-酵母浸粉	5.233×10^{-3}	1	5.233×10^{-3}	66.88	1.200×10^{-3}
AB	7.325×10^{-3}	1	7.325×10^{-3}	93.62	6.000×10^{-3}
AC	2.125×10^{-3}	1	2.125×10^{-3}	27.17	6.500×10^{-3}
BC	9.266×10^{-4}	1	9.266×10^{-4}	11.84	2.630×10^{-2}
A^2	2.300×10^{-2}	1	2.300×10^{-2}	289.97	$<1.000 \times 10^{-4}$
B^2	3.136×10^{-3}	1	3.136×10^{-3}	40.08	3.200×10^{-3}
C^2	3.500×10^{-2}	1	3.500×10^{-2}	451.81	$<1.000 \times 10^{-4}$
A^2B	3.150×10^{-4}	1	3.150×10^{-4}	4.03	1.152×10^{-1}
A^2C	3.057×10^{-4}	1	3.057×10^{-4}	3.91	1.193×10^{-1}
AB^2	2.582×10^{-4}	1	2.582×10^{-4}	3.30	1.443×10^{-1}
纯误差	3.130×10^{-4}	4	7.824×10^{-5}		
总离差	9.300×10^{-2}	16			
	R^2=0.9966		adj.R^2=0.9866		CV=5.78%

　　因此,若设蔗糖、氯化钠和酵母浸粉的浓度值分别为 A、B 和 C,脲酶活性值为 y,则当存在变量 A、B、C、AB、AC、BC、A^2、B^2、

C^2、A^2B、A^2C、AB^2 时，该模型拟合的二次方程为 $y^{-1} = 0.063 - 0.014$ $A - 0.017\,B + 0.036\,C + 0.043\,AB - 0.023\,AC - 0.015\,BC + 0.073\,A^2 +$ $0.027\,B^2 + 0.092\,C^2 - 0.013\,A^2B - 0.012\,A^2C - 0.011\,AB^2$。

图 3-8 为蔗糖浓度、氯化钠浓度和酵母浸粉浓度对脲酶活性影响的 3D 响应面图。脲酶活性随蔗糖浓度、氯化钠浓度和酵母浸粉浓度的增加呈抛物线趋势。即随着三个变量的增加，脲酶活性先增加到最大值随后降低。具体而言，当酵母浸粉浓度(9g/L)保持不变时，蔗糖浓度和氯化钠浓度对脲酶活性影响的等高线近似椭圆，这说明二者具有交互作用，并且沿着蔗糖浓度变化方向的等高线更加密集，表明相比氯化钠浓度，蔗糖浓度对脲酶活性影响更大；当氯化钠浓度(11g/L)保持不变时，蔗糖浓度和酵母浸粉浓度对脲酶活性影响的等高线近似正圆，即二者对响应值不具有交互作用；当蔗糖浓度(9g/L)保持不变时，氯化钠浓度和酵母浸粉浓度对脲酶活性影响的等高线近似椭圆，表明二者对响应值具有交互作用，并且沿着酵母浸粉浓度变化方向的等高线更加密集，表明相比氯化钠浓度，酵母浸粉浓度对脲酶活性影

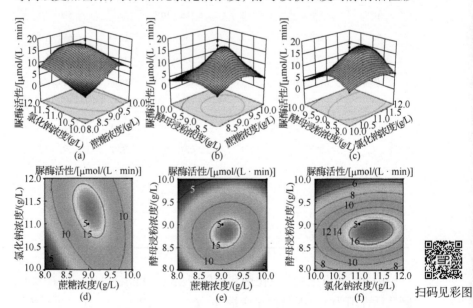

图 3-8　蔗糖浓度、氯化钠浓度和酵母浸粉浓度对脲酶活性影响的 3D 响应面图

响更大。因此，可以相应地确定三个变量的最佳范围，并得出菌株的最大脲酶活性。最终，通过 RSM 计算得出的结论为，当 A(蔗糖浓度) = 8.988g/L、B(氯化钠浓度) = 11.269g/L、C(酵母浸粉浓度) = 8.824g/L 时，菌株的脲酶活性有最大值 17.916μmol/(L·min)，相较于优化前[6.890μmol/(L·min)]提高了 1.60 倍。

3.2　胶结液的优化

除微生物脲酶外，尿素和钙离子是 MICP 技术中碳酸钙形成的重要来源，因此，研究胶结液中尿素和钙源对矿化性能的影响至关重要。同时，由于粉尘具有较强的疏水性，为提高微生物抑尘剂的作用效果，通常加入表面活性剂等增强润湿性材料，但这会对产脲酶菌的生长乃至矿化性能造成影响。此外，MICP 过程中，其成核位点的多少也决定了其矿化能力，由此，基于微生物抑尘剂抑尘过程中的实际应用场景，作者团队在胶结液钙源、表面活性剂以及外源物质等方面对矿化能力的影响做了深入研究，并进行了优化。

3.2.1　钙源的优化

钙源作为合成碳酸钙的重要组成原料，其种类及浓度对碳酸盐沉积的形成乃至固结效果的提高尤为重要，作者团队研究了氯化钙(CC)、乳酸钙(CL)和硝酸钙(CN)作为胶结液的不同钙源对微生物群落脲酶活性的影响。脲酶活性的变化如图 3-9(a)~(c)所示，可以看出，富集过程中，微生物脲酶活性表现出相同的变化趋势，即前 6h 脲酶活性增长缓慢，6h 之后脲酶活性增长迅速，培养 24h 后增速开始变缓，36~48h 脲酶活性趋于稳定。

图 3-9(d)为富集的微生物群落在不同钙源浓度下的最大脲酶活性。结果表明，微生物群落对 CC 表现出较低耐受性，在 0.3mol/L 的钙源浓度下最大脲酶活性达到最大值[7.297mmol/(L·min)]。随着

钙源浓度的增加脲酶活性迅速下降，1mol/L 时最大脲酶活性降至最低[5.355mmol/(L·min)]。究其原因，可能是随着氯离子浓度的增加，膜电位变化对细胞渗透压产生影响，抑制了微生物活性，从而导致脲酶活性降低。与 CC 不同，在 0.5mol/L CL 浓度下富集的微生物群落脲酶活性达到最大值[7.420mmol/(L·min)]，后在 1.0mol/L 时降至最小值[6.190mmol/(L·min)]。这可能是由于富集后的微生物群落存在可以利用 CL 进行有机物氧化的嗜碱钙化微生物，这种主动途径的 MICP 作用使微生物群落整体的耐受性增强。相较于其他两组，微生物群落对 CN 的耐受性最强。在 0.3mol/L、0.5mol/L 的钙源浓度下，最大脲酶活性与对照组相差无几，至 0.7mol/L 时脲酶活性出现明显

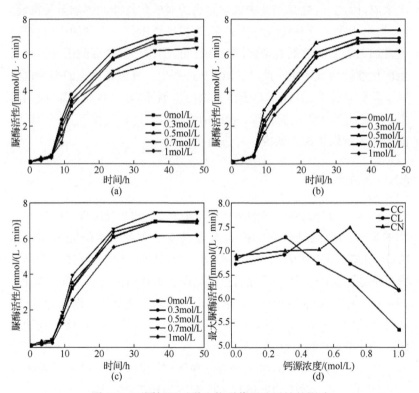

图 3-9　不同钙源对微生物群落脲酶活性的影响

(a)、(b)、(c) 分别代表氯化钙、乳酸钙、硝酸钙对脲酶活性的影响；(d) 为最大脲酶活性随钙源浓度的变化曲线

变化并达到最大值[7.482mmol/(L·min)]。钙源浓度进一步增加至
1.0mol/L 时，最大脲酶活性迅速降低到最小值[6.200mmol/(L·min)]。
有研究表明，被动途径的 MICP 氮循环涉及硝酸盐的异化还原。作者
推测正是由于硝酸钙的作用，筛选的微生物群落中可能存在利用硝酸
盐进行异化还原的细菌并且该类细菌存在属间优势，这才使得微生物
群落对硝酸钙表现出极高的耐受性。

3.2.2　表面活性剂的优化

1. 纯培养产脲酶菌

1) *S. pasteurii*

选择了文献报道的四种不同类型且润湿性能良好、绿色无毒的表
面活性剂：十二烷基苯磺酸钠(SDBS，阴离子型)、十六烷基三甲基溴
化铵(CTAB，阳离子型)、椰油酰胺丙基甜菜碱(CAB，两性离子型)和
烷基糖苷(APG，非离子型)，找到一种对 *S. pasteurii* 生长及酶活性影
响最小的表面活性剂，作为微生物抑尘剂的添加剂。

不同种类和浓度的表面活性剂对 *S. pasteurii* 生长的影响不同。
随着表面活性剂浓度的增加，*S. pasteurii* 生长受到的抑制作用越强。
当添加阴离子表面活性剂 SDBS 时，*S. pasteurii* 生长出现了明显的生
长迟滞期[图 3-10(a)]，当 SDBS 浓度分别从 0.00%增加至 0.01%、
0.05%、0.08%和 0.10%时，*S. pasteurii* 的生长迟滞期增加至 2h、6h、
6h 和 6h。阳离子表面活性剂 CTAB 相比其他表面活性剂对 *S. pasteurii*
生长的抑制更加明显。当加入 CTAB 时，*S. pasteurii* 虽然在 18h 的生
长迟滞期后可以生长，但生长活性 OD_{600} 值不高[图 3-10(d)]。究其
原因可能是细菌细胞膜和细胞壁都是由磷脂双分子层构成的，所以
细菌表面带负电荷，当加入阳离子表面活性剂 CTAB 时，CTAB 所
带的正电荷会吸引带负电荷的细菌细胞壁，并促使细胞膜和细胞壁
发生变形和破裂，最终导致细菌失去生存和繁殖能力而死亡。两性
离子表面活性剂 CAB 和非离子表面活性剂 APG 对 *S. pasteurii* 的

生长繁殖影响相对较小，其中 CAB 影响最小。综上所述，表面活性剂 CAB 对 *S. pasteurii* 生长繁殖影响最小，CTAB 对 *S. pasteurii* 生长繁殖影响最大。

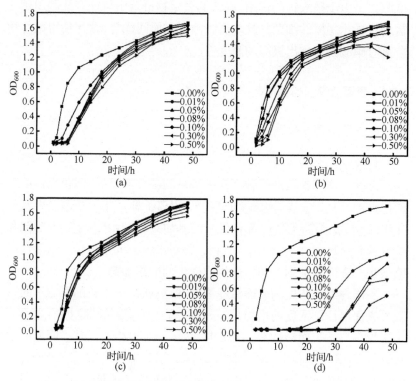

图 3-10　不同种类和浓度的表面活性剂对 *S. pasteurii* 生长的影响
(a) SDBS；(b) APG；(c) CAB；(d) CTAB

　　表面活性剂对 *S. pasteurii* 脲酶活性的影响规律与表面活性剂对其生长的影响规律类似，随着表面活性剂浓度增加，*S. pasteurii* 脲酶活性逐渐降低[图 3-11(a)]。未添加表面活性剂时，*S. pasteurii* 脲酶活性较高。添加表面活性剂 CTAB 对 *S. pasteurii* 脲酶活性表现出明显的抑制作用。相同浓度下，表面活性剂 CAB 对 *S. pasteurii* 脲酶活性的影响最低。

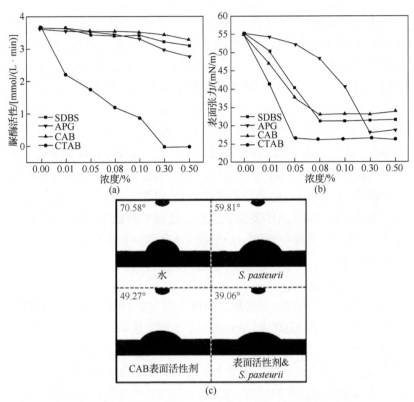

图 3-11　表面活性剂对 *S. pasteurii* 脲酶活性及润湿性的影响

(a) 脲酶活性；(b) 添加表面活性剂 48h 后菌液的表面张力；(c) 接触角

表面活性剂对培养 48h 菌液表面张力的影响如图 3-11(b)所示。当溶液中的表面活性剂达到临界胶束浓度(CMC)时，表面张力数值达到最小，此时该溶液的润湿能力达到最强，如果继续向溶液中添加表面活性剂，表面张力不会继续降低而是形成大量的胶团，胶团的存在造成了资源的浪费。菌液在加入表面活性剂 SDBS、CTAB、CAB 和 APG 后的 CMC 分别为 0.08%、0.05%、0.08%和 0.30%。其中，CTAB 对降低表面张力的效果最好，但 CTAB 严重影响了 *S. pasteurii* 的生长和脲酶活性的发挥，因此 CTAB 不能作为协同矿化 *S. pasteurii* 的表面活性剂来使用。APG 的 CMC 值(0.30%)最大，也就意味着需要更大浓度的 APG 来达到润湿效果，会花费更多的经济成本。SDBS 和 CAB 的 CMC 值相同，但 CAB 对 *S. pasteurii* 生长和脲酶活性的影响较低，也就意味着 *S. pasteurii* 在以后的抑尘应用中能够发挥更大的作用，因此，从表面张力的测定结果来看，CAB 是最佳选择。同时，作者团队还对接触角进行了测定，以便再次印证上述选择[图 3-11(c)]。液体在固体表面的润湿能力一般用接触角来衡量，接触角越小，液体的润湿能力越好，菌液与煤尘的接触角为 60°左右时，菌液无法充分润湿煤尘。*S. pasteurii* 的接触角比水的接触角降低了 10°左右，为 59.81°；当水中加入浓度为 0.08%的 CAB 表面活性剂溶液时，接触角迅速降低至 49.27°，而在 *S. pasteurii* 菌液中添加 0.08%的 CAB 表面活性剂后接触角降低至 39.06°。因而，在 *S. pasteurii* 菌液中添加 0.08%的 CAB 能够更好地润湿煤尘，提升抑尘效果。

2) *B. cereus* CS1

利用与上述相同的方法测试四种不同类型的表面活性剂(SDBS、CTAB、CAB、APG)对 *B. cereus* CS1 生长的影响，并确定一种对 *B. cereus* CS1 生长及酶活性影响最小的表面活性剂，作为微生物抑尘剂的添加剂。不同表面活性剂浓度下 *B. cereus* CS1 的生长曲线见图 3-12。随着表面活性剂浓度的增加，*B. cereus* CS1 生长受到的抑制作用越强。当添加阴离子表面活性剂 SDBS 时，*B. cereus* CS1 出现了明显的生长迟滞期，当 SDBS 浓度从 0%分别增加至 0.01%、0.05%、0.08%和 0.10%时，*B. cereus* CS1 的生长迟滞期分别增加至 6h、18h、18h 和 24h，当 SDBS 浓度继续增大到 0.30%时，*B. cereus* CS1 几乎不再生长。阳离子表面活性剂 CTAB 相比其他表面活性剂对细菌生长的抑制更加明显，当加入表面活性剂 CTAB 时，*B. cereus* CS1 几乎完全无法正常生长繁殖。当两性离子表面活性剂 CAB 和非离子表面活性剂 APG 浓度较低(≤0.1%)时，*B. cereus* CS1 能很好地生长繁殖。当 APG 浓度大于 0.1%时，*B. cereus* CS1 无法正常生长繁殖，而当 CAB 浓度大于 0.1%时，*B. cereus* CS1 生长虽然也受到了限制，但仍可以生长繁殖。综合图 3-10 和图 3-12 分析可得，当表面活性剂种类和浓度相同时，*S. pasteurii* 比 *B. cereus* CS1 的 OD_{600} 值更大，表

明 *S. pasteurii* 在有表面活性剂存在的条件下，*S. pasteurii* 的生长状况比 *B. cereus* CS1 相对较好，*S. pasteurii* 具有更好的抗逆性。表面活性剂 CAB 对 *S. pasteurii* 和 *B. cereus* CS1 生长的影响较小，CTAB 对它们生长的影响最大。

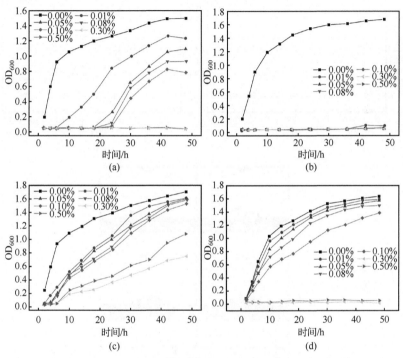

图 3-12　不同表面活性剂浓度下 *B. cereus* CS1 的生长曲线
(a) SDBS；(b) CTAB；(c) CAB；(d) APG

如图 3-13(a)所示，不添加表面活性剂时，*B. cereus* CS1 的脲酶活性为 3.66mmol/(L·min)。随着表面活性剂浓度增加，脲酶活性逐渐降低，其中 CTAB 的存在对脲酶活性的影响最为明显，CAB 对 *B. cereus* CS1 脲酶活性的发挥影响最小。图 3-13(b)显示了加入表面活性剂时细菌培养 48 h 后的表面张力，*B. cereus* CS1 与 *S. pasteurii* 的变化规律相类似。接触角测试表明，在 *B. cereus* CS1 菌液中加入浓度为 0.08%的 CAB 表面活性剂溶液时，接触角降低为 42.49°，低于水和浓度为 0.08%的 CAB 表面活性剂溶液的接触角，表面活性剂的加入有利于提升煤尘的润湿性。

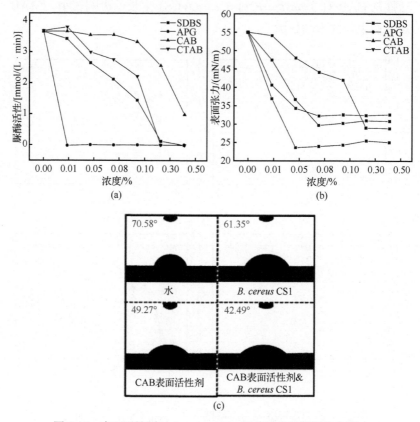

图 3-13　表面活性剂对 *B. cereus* CS1 脲酶活性及润湿性的影响

(a) 脲酶活性；(b) 添加表面活性剂时细菌培养 48h 后的表面张力；(c) 接触角

2. 复配产脲酶菌

同样，作者团队利用与上述相同的方法，测试了四种不同类型的表面活性剂(SDBS、CTAB、CAB、APG)在不同浓度(0.00%、0.01%、0.05%、0.08%、0.10%、0.30%和 0.50%)下对复配产脲酶菌生长的影响，由此获得不同表面活性剂浓度下复配产脲酶菌的生长曲线(图 3-14)。从图 3-14 中可以看出，加入表面活性剂会影响复配产脲酶菌的生长，其中 CTAB 的抑制作用最大。

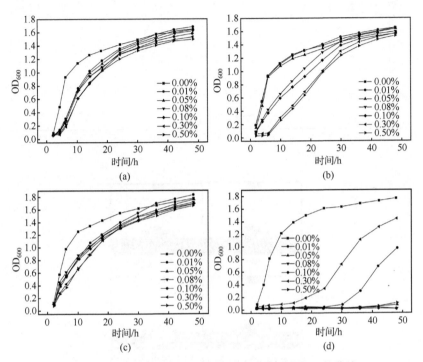

图 3-14　不同表面活性剂浓度下复配产脲酶菌的生长曲线
(a) SDBS；(b) APG；(c) CAB；(d) CTAB

　　表面活性剂对复配产脲酶菌脲酶活性的影响比对单一菌剂的影响小，但整体上也呈现出随着表面活性剂浓度的增加，脲酶活性逐渐降低的趋势[图 3-15(a)]。未添加表面活性剂时，复配产脲酶菌的脲酶活性达到了 5.66mmol/(L·min)左右，远远高于单一菌剂(*B. cereus* CS1 和 *S. pasteurii*)的脲酶活性。相同浓度下，表面活性剂 CAB 对复配产脲酶菌脲酶活性的影响最低。在低浓度(0.01%)时，甚至对脲酶活性的发挥起到了促进作用。有研究报道，这是因为表面活性剂改变了细胞膜通透性，增强了微生物对营养物质摄取以及加快了脲酶分子的释放。

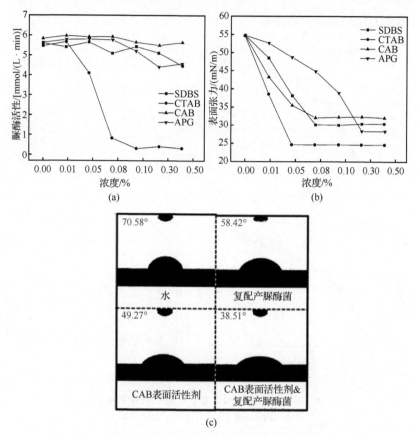

图 3-15　表面活性剂对复配产脲酶菌脲酶活性及润湿性的影响
(a) 脲酶活性；(b) 加入表面活性剂时细菌培养 48h 后的表面张力；(c) 接触角

　　图 3-15(b)显示了加入表面活性剂时细菌培养 48h 后的表面张力，复配产脲酶菌的变化规律与纯培养产脲酶菌(*B. cereus* CS1 和 *S. pasteurii*)的变化规律相类似。接触角测试表明，在复配产脲酶菌菌液中加入浓度为 0.08% 的 CAB 表面活性剂溶液时，接触角降低为 38.51°，这一数值低于水和浓度为 0.08% 的 CAB 表面活性剂溶液的接触角，同时也低于纯培养产脲酶菌的接触角，这表明表面活性剂的加入对复配产脲酶菌煤尘润湿性的提升优于纯培养产脲酶菌。
　　此外，为验证基于表面活性剂的复配菌体抑尘剂溶液对不同煤

尘的润湿能力，利用自行搭建的试验平台进行了煤尘沉降试验。试
验结果如图 3-16 所示，可以看出，所有煤尘颗粒均在 45min 内完成
沉降，表明基于表面活性剂的复配菌体抑尘剂溶液可以很好地润湿
煤尘。但是，随着粉尘粒径目数的增加，沉降时间逐渐增加，说明
表面活性剂润湿性的发挥也受制于不同的粉尘粒径。同时，不同变
质程度的煤尘润湿性表现为褐煤润湿性最好，其次是烟煤，而无烟
煤在复配菌-表面活性剂抑尘剂中的润湿性最差，沉降时间最长。由
此可以得出，表面活性剂能大幅增强复配菌体抑尘剂在煤尘上的润
湿性，但其润湿性的发挥还与粉尘特性包括煤变质程度以及粒径等
影响有关。

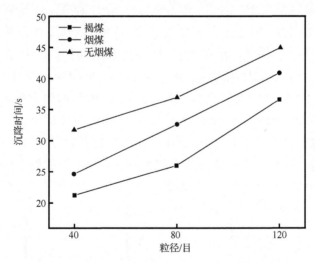

图 3-16　不同煤尘浸提液对煤尘沉降时间的影响

3. 产脲酶菌群

如图 3-17(a)所示，产脲酶菌群可以承受浓度高达 0.2% 的 SDBS，
脲酶活性保持在较高水平，约 6mmol/(L·min)。与未添加 SDBS 的样
品相比，0.05%、0.1% 和 0.2% 浓度的 SDBS 样品在 5d 内脲酶活性平
均降低(0.81±0.38)mmol/(L·min)、(0.98±0.77)mmol/(L·min)和(1.20
±0.70)mmol/(L·min)。另外，比脲酶活性可以提供有关产脲酶菌群生

长状况的重要信息(图 3-18)，在 SDBS 处理的 5d 内，较低 SDBS 浓度(0%~0.2%)处理的样品，比脲酶活性达到最高值后稍有降低。此外，0.2% SDBS 的样品的比脲酶活性高于未处理的对照样品。产脲酶菌群只能耐受 0.1%的 APG[图 3-17(b)]，相比空白样品，脲酶活性平均降低了(0.59 ± 0.33)mmol/(L · min)。令人惊讶的是，在 0.05% APG处理的样品中，与未用 APG 处理的对照样品相比，脲酶活性平均增加了约 0.22mmol/(L · min)。当 APG 浓度达到 0.2%时，产脲酶菌群的脲酶活性仅为(0.91 ± 0.33)mmol/(L · min)。通过 0.05%和 0% APG 处理，比脲酶活性稳定在约 5.60mmol/(L · min · OD)。但是在 0.1% APG处理的样品中观察到了下降的趋势，比脲酶活性损失了约 27%。在相对高浓度(0.2%、0.3%和 0.5%)的 APG 存在下，比脲酶活性有较大波动性。随着表面活性剂 CAB 浓度的增加，产脲酶菌群的脲酶活性呈阶梯状下降的趋势[图 3-17(c)]。但当 CAB 浓度仅为0.05%时，菌群的脲酶活性急剧下降至(2.93 ± 0.43)mmol/(L · min)。随着 CAB 浓度的继续增加，脲酶活性在 0.5%浓度下最终下降至(0.42 ± 0.13)mmol/(L · min)。在 CAB 相对较高的浓度下，比脲酶活性也出现了较大的波动。CTAB 对脲酶释放有强烈的抑制作用[图3-17(d)]。当 CTAB 浓度仅为 0.05%时，脲酶活性急剧下降至(0.54± 0.03)mmol/(L · min)。此后随着 CTAB 浓度进一步增加，脲酶活性一直保持在较低水平，最后稳定在约 0.50mmol/(L · min)。

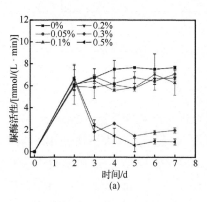
(a)

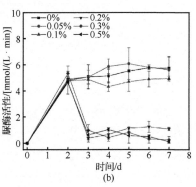
(b)

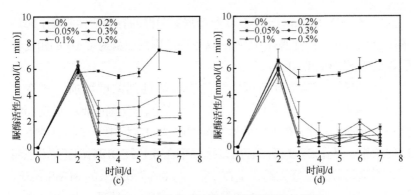

图 3-17　不同表面活性剂对脲酶活性的影响

(a) SDBS；(b) APG；(c) CAB；(d) CTAB

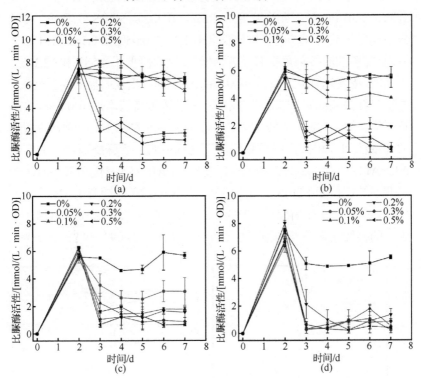

图 3-18　不同表面活性剂对比脲酶活性的影响

(a) SDBS；(b) APG；(c) CAB；(d) CTAB

　　因此，SDBS、APG、CAB 导致产脲酶菌群的脲酶活性明显下降的浓度分别为 0.3%、0.2%、0.05%，这表明产脲酶菌群对 CAB 的耐受性明显低于 SDBS 和 APG。

　　在 0%～0.5%浓度范围内，随表面活性剂浓度增加，所有含 SDBS、APG 和 CAB 的样品在煤尘上的接触角逐渐降低，说明润湿性一直增加。因此，在表面活性剂浓度筛选的过程中不受临界胶束浓度的约束。从图 3-19 可以看出，接触角在 0.1% SDBS 浓度下出现明显的下降趋势，最终大约稳定在 56°。与 0%和 0.05%的 SDBS 相比，接触角降低了 8°～10°。通过最终 0.5% SDBS 处理，接触角降至 38.38°。结合图 3-17 和图 3-18，为了保证产脲酶菌群可以正常释放脲酶，SDBS 的最大允许浓度是 0.2%。在 0.2% SDBS 处理下，接触角最终稳定在约 49.04°。与对照组相比，在 0.05%和 0.1% APG 处理后，复配菌液的接触角没有显著降低，分别仅降低了 4.54%和 12.12%。当 APG 浓度达到 0.2%时，接触角急剧下降，出现明显的润湿现象，并稳定在约 49.52°。与对照组相比，随着浓度持续增加至 0.5%，接触角下降至约 18.32°，下降了 72.33%。这一观察结果与另一项研究报道的纯细菌样本相似。但是脲酶活性测试表明，产脲酶菌群只能容纳 0.1% APG 浓度。从图 3-19(c)可以看出，CAB 加入复配菌液中对煤尘的润湿性类似于 SDBS。初始接触角约为 66.20°。随着 CAB 浓度的增加，润湿强度逐渐增加。0.05%、0.1%、0.2%、0.3%、0.5% CAB 浓度下的接触角最终分别稳定在 64.80°、59.18°、54.09°、49.28°、40.09°。

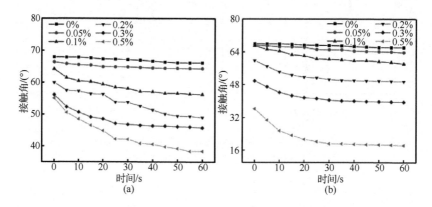

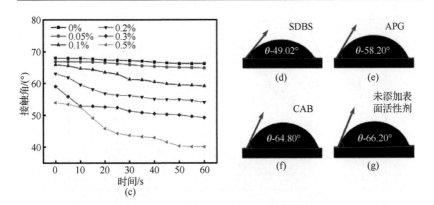

图 3-19　不同表面活性剂对接触角的影响

(a)、(b)和(c)分别为 SDBS、APG 和 CAB 的接触角随时间的变化；(d)、(e)、(f)和(g)分别为
0.2% SDBS、0.1% APG、0.05% CAB 和未添加表面活性剂的接触角照片

受产脲酶菌群脲酶释放的限制，只能选择 0.05%浓度的 CAB 以产生足够的脲酶从而达到胶结的要求。上述润湿性分析表明，SDBS、APG 和 CAB 最佳浓度分别为 0.2%、0.1%、0.05%，接触角分别为 49.02°、58.20°、64.80°。

3.2.3　外源物质的优化

纳米颗粒的尺寸小、比表面积大，广泛应用于吸附材料，因此，在矿化过程吸附位点提供方面可能具有促进作用。本小节研究了添加二氧化钛纳米颗粒(TiO_2-NPs)对产脲酶菌 X4 生长和脲酶活性的影响，研制了 TiO_2-NPs/微生物抑尘剂(图 3-20)，可以看出，不同浓度的 TiO_2-NPs 延长了菌株 X4 的对数生长期，缩短了生长迟滞期。接种 20h 后，细菌生长速率达到最大值。浓度为 0.06g/L 的 TiO_2-NPs 菌液 (OD_{600}=1.69±0.01) 的生物量显著高于空白菌液 (OD_{600}=1.55±0.06)($p < 0.05$)。结果表明，TiO_2-NPs 能促进产脲酶菌的生长，且当浓度为 0.06g/L 时，促进作用最为明显。由此可见，纳米颗粒对细菌生长有积极影响。此外，当 TiO_2-NPs 浓度进一步提高到 0.09g/L 时，促进作用并不明显。因此，TiO_2-NPs 对细菌生长具有低促高抑的特征。

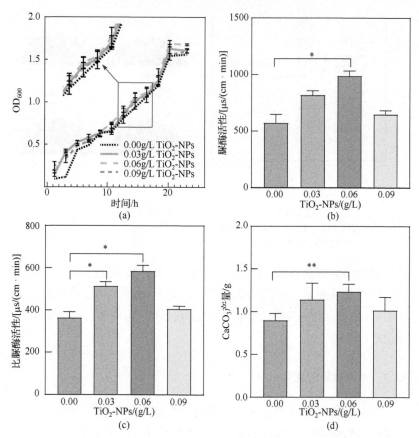

图 3-20 不同 TiO₂-NPs 浓度下产脲酶菌 X4 的生长和产脲酶特征

(a) 生长曲线；(b) 脲酶活性；(c) 比脲酶活性；(d) CaCO₃ 产量

测定不同 TiO₂-NPs 浓度对脲酶活性的影响，结果如图 3-20(b)所示。脲酶活性随 TiO₂-NPs 浓度的增加呈先增加后降低的趋势，当 TiO₂-NPs 浓度为 0.06g/L 时达到最大值，为 986.568μs/(cm·min)。脲酶活性明显高于对照组[573.276μs/(cm·min)，$p < 0.05$]，这是由于纳米颗粒具有较大的比表面积和较强的电子释放能力，其释放的电子改善了外膜蛋白的酶促功能，加快了电子传递，促进了细胞代谢。TiO₂-NPs 会吸附脲酶。TiO₂-NPs 体积小，可与酶内亲水性基团相互作用，导致酶构型改变，提高脲酶活性。当浓度大于 0.06g/L 时，脲酶活性降低。

这些结果与 TiO_2-NPs 对细菌生长的影响趋势一致。对脲酶活性进行标准化，即计算比脲酶活性[图 3-20(c)]，发现比脲酶活性与脲酶活性的变化趋势相同。这些结果表明，TiO_2-NPs 的添加提高了产脲酶细菌的脲酶活性。

　　测定了不同 TiO_2-NPs 浓度下矿化细菌培养 7d 后 $CaCO_3$ 的产量。如图 3-20(d)所示，随着 TiO_2-NPs 浓度的增加，$CaCO_3$ 产量先增加后降低。当 TiO_2-NPs 浓度为 0.06g/L 时，$CaCO_3$ 产量最高，达到 1.24g，比对照组提高了 37.3%（$p < 0.01$）。这一结果与图 3-20(b)和(c)的结果一致。当 TiO_2-NPs 浓度为 0.09g/L 时，$CaCO_3$ 的产量减少，这可能是因为较高的 TiO_2-NPs 浓度抑制了细菌的生长，然而其碳酸钙产量比对照组高 13.15%。这可能是因为在反应过程中，TiO_2-NPs 作为成核位点，增加了 $CaCO_3$ 成核和产量。因此，TiO_2-NPs 能促进细菌生长，提高脲酶活性，还能从成核位点的增加方面，增加微生物抑尘剂中 $CaCO_3$ 的产量，添加纳米材料能在一定程度上提高抑尘剂的性能。

3.3　施用方法的优化

　　在实际应用过程中，抑尘剂的喷洒量与喷洒次数对碳酸钙的生成量以及分布特征影响深远：喷洒量过大会导致细菌滞留，粉尘表层易被过多的晶体堵塞影响固结的有效性和均匀性，同时还可能会引起大量溶液的浪费，降低溶液本身的胶结效果。虽然适当增加喷洒次数可以有效促进碳酸钙的均匀分布，但次数过多时又会导致资源浪费。然而，虽然微生物抑尘剂的应用工艺在极大程度上会影响碳酸钙在粉尘中的分布以及固结抑尘效果，但相关研究及其内在机制仍然缺乏探讨。为推动微生物抑尘剂在露天煤矿中的大规模应用，本节研究了应用工艺对微生物抑尘剂抑尘效果和机理的影响。

　　作者团队针对煤粉选取了单次喷洒量和喷洒次数两个影响因素，设置了不同浓度梯度，单次喷洒量梯度设置为 $0.50L/m^2$、$0.75L/m^2$、

$1.00L/m^2$、$1.25L/m^2$、$1.50L/m^2$，喷洒次数梯度设置为 1 次、2 次、3 次、4 次、5 次，以抗风蚀性能来表征微生物的抑尘效果，可以看出，随着单次喷洒量的增加，煤尘固结体的风蚀率逐渐降低[图 3-21(a)]。低喷洒量时，煤尘固结体样品的风蚀率较高，微生物抑尘剂抑尘效果差。而随单次喷洒量的增加(大于 $1.00L/m^2$)，抑尘效果出现显著提升。特别是在单次喷洒量为 $1.25L/m^2$ 时，风蚀率最低，为 $46.79g/(m^2 \cdot min)$，相比低喷洒量(小于 $1.00L/m^2$)的平均值降低了约 33.16%。随后单次喷洒量进一步增加，风蚀率不再有显著变化。因此，当应用微生物抑尘剂时，$1.25L/m^2$ 的单次喷洒量最为合适。

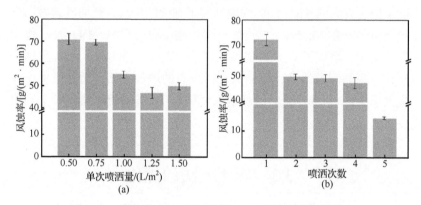

图 3-21　单次喷洒量(a)和喷洒次数(b)对抑尘效果的影响

而随着喷洒次数的增加，煤尘固结体的风蚀率逐渐降低[图 3-21(b)]。只喷洒 1 次微生物抑尘剂的抑尘效果相对较差。当喷洒 2 次时，抑尘效果显著提升，风蚀率为 $49.45g/(m^2 \cdot min)$，相比只喷洒 1 次时降低了 31.93%。之后喷洒次数增加至 4 次，风蚀率无显著变化。当喷洒次数达到 5 次时，风蚀率达到最低[$14.41g/(m^2 \cdot min)$]。然而，在大规模应用的背景下，5 次喷洒过于烦琐，试验结果表明两次喷洒即可对抑尘性能有较大的提升，且抑尘性能优于同类研究。基于资源合理利用和成本考虑，作者认为在应用微生物抑尘剂时喷洒 2 次较为合适。

3.4 本 章 小 结

为提高产脲酶微生物脲酶活性并提高生物矿化技术在煤炭抑尘领域的应用,对培养产脲酶微生物的营养液和胶结液进行了优化,对比分析微生物抑尘剂优化前后的抑尘性能,获得如下结果。

(1) 不同微生物对营养液各个单因素均有一定的适应范围,而多因素综合作用下可以获得生长优良和酶活性高的微生物。响应面法分析表明,当培养液中蔗糖浓度为 8.988g/L、氯化钠浓度为 11.269g/L 和酵母浸粉浓度为 8.824g/L 时,菌株 X4 的脲酶活性达到最大,且比优化前提高了 1.60 倍。

(2) 胶结液中钙源及其浓度能调控微生物菌群的生长代谢、脲酶活性以及矿化性能。产脲酶菌群分别在 0.3mol/L CC、0.5mol/L CL 和 0.7mol/L CN 作用下脲酶活性达到最大值[7.297mmol/(L·min)、7.420mmol/(L·min)、7.482mmol/(L·min)]。硝酸钙基微生物抑尘剂表现出最佳矿化性能,7d 即可达到 94.57%的沉淀率。此外,胶结液中表面活性剂和外源物质的添加也会影响微生物抑尘剂的润湿性和成核能力。其中,表面活性剂中 CAB 对 *S. pasteurii*、*B. cereus* CS1 和复配产脲酶菌生长的影响较小,在 *S. pasteurii*、*B. cereus* CS1 和复配产脲酶菌中添加 0.08%的 CAB 均能够更好地润湿煤尘,提升抑尘效果。但对于产脲酶菌群而言,表面活性剂的润湿效果不明显;外源物质 TiO_2-NPs 能促进产脲酶细菌 X4 的生长,提高脲酶活性。当 TiO_2-NPs 浓度为 0.06g/L 时,促进作用最为显著,菌株 X4 产生脲酶的活性为 986.568μs/(cm·min),7d $CaCO_3$ 产量高达 1.24g,比未添加 TiO_2-NPs 的菌株 X4 $CaCO_3$ 产量提高了 37.3%。

(3) 微生物抑尘剂应用方式影响抑尘效果。针对煤尘,微生物抑尘剂在单次喷洒量为 1.25L/m^2、喷洒 5 次形成的固结体风蚀率最低。但显著性分析表明,在大规模应用条件下,考虑到资源合理利用和成本,单次喷洒量为 1.25L/m^2、喷洒次数为 2 次较为合适。但对于难润湿细粒煤尘可以通过增加单次喷洒量或者喷洒次数来提升抑尘效果。

第 4 章 微生物抑尘剂的抑尘机理

微生物抑尘剂具有良好的应用前景,但其抑尘性能仍有很大的提升空间。只有明确微生物抑尘剂的作用过程,阐明其抑尘机理,才能有针对性地提出更为有效的改进措施。本章从微生物抑尘剂在粉尘中的入渗、在粉尘上的吸附、对粉尘的固结特征,以及微生物作用机制等方面阐述了微生物抑尘剂的作用机理,为今后微生物抑尘技术的工程应用提供理论支持。

4.1 微生物抑尘剂在粉尘中的入渗

微生物抑尘剂中的菌液和胶结液在粉尘中的入渗率、入渗量等特性参数均会影响尿素水解以及菌体矿化速率,并导致最终胶结效果的差异。本节研究了微生物抑尘剂在粉尘(煤尘)中的入渗特征,揭示了微生物抑尘剂的抑尘性能与入渗特征的关系。

4.1.1 入渗特征

菌液在煤尘柱中的入渗均呈初期瞬减后期稳定的趋势(图 4-1)。喷洒后的初始阶段,煤尘干燥,水力梯度大,入渗率较高。特别是菌液喷洒量为 3.5mL 时在煤尘中初始入渗率最高(5.12mm/min),这是由于在所有试样喷洒时间相同时,喷洒的菌液量少,其有足够时间充分入渗。当短时间内大量菌液喷入,煤尘层柱表层积液可提供额外压力势,因此在喷洒量为 30mL 时的初始入渗率也较高(5.69mm/min)。但入渗 3min 后,随煤尘中菌液下渗深度加深,瞬时入渗率随时间逐渐减小。在喷洒后的 10～50min,喷洒 15mL、30mL 菌液的煤尘柱入渗率几乎不再发生变化，达到稳渗状态。由于胶结液喷洒滞后于菌液，初始入渗率远低于菌液，但胶结液喷洒量为 3.5mL 时，初始入渗率仍然最高(1.13mm/min)。在 5～10min 时，单独喷洒 7.5mL、15mL 和 30mL 的胶结液入渗率有增加趋势。这是由于随胶结液下渗，煤尘中液体渗流路径中产生的 $CaCO_3$ 形成了孔隙骨架，保证了孔隙的连通性。因此，随着入渗的进行，15mL、30mL 胶结液喷洒时的入渗率逐渐趋于稳定。

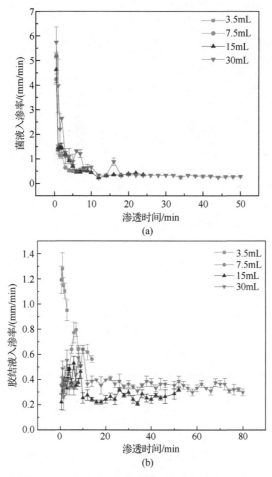

图 4-1　不同菌液(a)和胶结液(b)喷洒量下入渗率随渗透时间的变化规律

4.1.2　入渗深度和截留量

　　不同喷洒量下,菌液入渗深度由大到小的顺序为 30mL>15mL>7.5mL>3.5mL (图 4-2)。胶结液入渗深度为 3.5mL、7.5mL 时呈现较高的结果,这主要是由于喷洒较少胶结液时,胶结液并没有入渗至煤尘柱底部达到饱和,其还具有较高的残余基质吸力,能够充分吸收喷洒的

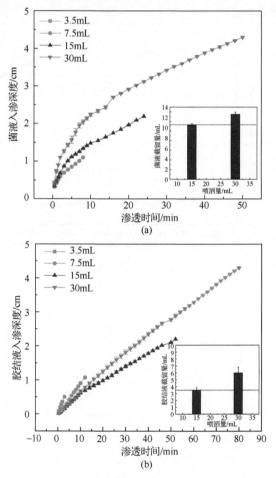

图 4-2　不同菌液和胶结液喷洒量下入渗深度和截留量随渗透时间的
变化曲线

胶结液，导致其入渗深度较大。而当菌液、胶结液喷洒量分别为 15mL
和 30mL 时，均有溶液渗出。统计发现，两组试样菌液的截留量分别
为 11.3mL 和 13.5mL，但是胶结液截留量较低，分别为 3.5mL 和 6.0mL。

4.1.3　菌液入渗湿润锋和煤尘柱含水率

湿润锋可以表示一维入渗过程中，在样品基质势和重力作用
下，样品中溶液的运动特征。随着入渗的进行，煤尘柱中菌液的湿
润锋深度逐渐向下迁移。在入渗的前 10min 内，不同喷洒量下湿润
锋深度由大到小的顺序为 30mL>15mL>7.5mL> 3.5mL(图 4-3)。这
说明，菌液喷洒量少时，溶液难以迁移到底部。由于喷洒量大，煤
尘柱顶部积水导致压力水头大，前期入渗通量大，湿润锋迁移快。
因此，呈现湿润锋深度随喷洒量增加而上升的趋势。菌液喷洒结束
后，可以发现随喷洒量的增加，煤尘柱上层含水率逐渐增加，随后
向底部迁移，在喷洒量为 15mL 和 30mL 时样品整体达到饱和。四
种喷洒量处理下，顶部含水率均较大，这与菌液喷洒后从顶部开始
入渗至饱和有关。随着孔隙逐步被溶液占据，吸水潜能减少，样品
的基质吸力降低。顶部煤尘含水率增加量降低，含水率增加的范围
由顶部土层逐渐向更深部位演变，直至煤尘柱底部。随后喷洒胶结
液，产生的碳酸钙填充煤尘孔隙或覆盖在煤尘柱顶部，导致溶液入
渗缓慢。随喷洒总量增至 30mL 和 60mL 时，底部含水率增加，这
是由于喷洒量过多，溶液在底部积累。

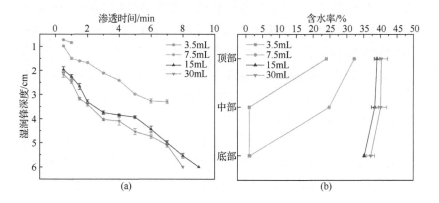

(a)　　　　　　　　　(b)

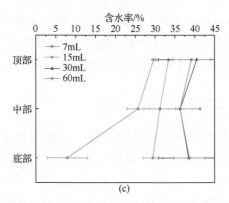

图 4-3　不同菌液喷洒量下湿润锋深度(a)、含水率(b)和入渗结束后不同煤尘层
的含水率(c)

4.1.4　入渗率拟合分析

在菌液喷洒量为 15mL 和 30mL 时，菲利普模型(Philip model，PM)中吸渗率 S 分别为 3.34mm/min$^{0.5}$ 和 5.16mm/min$^{0.5}$(表 4-1)，说明随菌液喷洒量的增加，吸渗率增加；而科斯蒂亚科夫模型(Kostiakov model，KM)中 a 值为 2.38mm/min 和 3.54mm/min，b 值为 0.83 和 0.72，这表明随菌液喷洒量的增加，一维垂直入渗过程中初始入渗率越大，菌液入渗率的衰减程度越低。霍顿模型(Horton model，HM)中 k 值分别为 0.35 和 0.27，表明随着菌液喷洒量增至 30mL，入渗率递减速率减小，其中，初始入渗率(f_0)、稳定入渗率(f_c)为试验所测数据。以上模型参数均符合试验结果。模型均在 0.05 显著水平下拟合，结果表明以 KM 模型的确定系数 R^2 最大，最符合菌液的入渗特征，属于多孔介质中的瞬态流体流动。但通过对胶结液的入渗率进行模型拟合发现 R^2 均较低，三种模型拟合效果较差(图 4-4)。这是当胶结液喷洒后，MICP 过程开始进行，CaCO$_3$ 沉淀生成，碳酸钙晶体产生后会填充样品孔隙结构，致使胶结液的入渗受到制约，导致拟合效果不佳。综上所述，经验模型拟合发现，短时间内喷洒量的增加加快了菌液的初始入渗率并减缓了其衰减速率。该结果较好地描述了不同喷洒量下菌液在煤尘中的入渗过程。

表 4-1　不同菌液喷洒量下入渗率模型拟合

菌液喷	PM			KM			HM			
洒量/mL	S	f_c	R^2	a	b	R^2	f_0	f_c	k	R^2
15	3.34	0.77	0.63	2.38	0.83	0.92	1.69	0.36	0.35	0.69
30	5.16	0.86	0.73	3.54	0.72	0.96	2.57	0.38	0.27	0.82

注：f_c 为稳定入渗率，mm/min；f_0 为初始入渗率，mm/min；k 为入渗衰减因子；a 为初始入渗率的变化，mm/min；b 为入渗率的衰减程度；S 为吸渗率，mm/min$^{0.5}$；R^2 为确定系数。

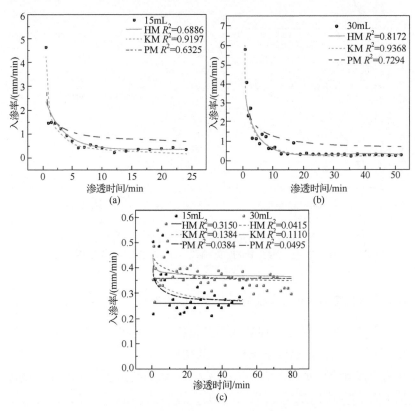

图 4-4　菌液和胶结液分别为 15mL 和 30mL 下入渗率拟合曲线
(a)、(b) 菌液入渗率拟合曲线；(c) 胶结液入渗率拟合曲线

4.1.5　入渗深度拟合分析

　　三个模型的菌液和胶结液入渗深度决定系数 R^2 相近，但预测值与实测值差值大小顺序为 KM<HM<PM(图 4-5)，因此，KM 拟合更

适用于描述菌液和胶结液单位时间入渗量。

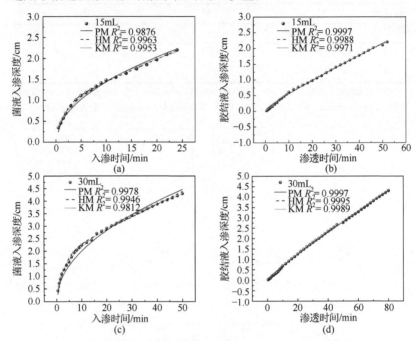

图 4-5　喷洒 15mL、30mL 菌液和胶结液的入渗深度拟合曲线

(a)、(b) 菌液、胶结液在 15mL 下的入渗深度拟合曲线；(c)、(d) 菌液、胶结液分别为 30mL 下的入渗深度拟合曲线

4.1.6　微生物抑尘剂抑尘性能与入渗特征的关系

　　菌液初始入渗率与抑尘性能呈负相关，菌液截留量与碳酸钙总量、硬度、超声波速度呈正相关，与初始入渗率、风蚀率、总孔隙率和水力传导率呈负相关(图 4-6)，这表明，较高的菌液初始入渗率影响煤尘固结和抑尘性能，随后喷洒的胶结液初始入渗率、截留量与固结特征所呈现的规律和菌液一致。另外，后续胶结液在渗流过程中溶液的离子强度和剪切力加剧了这一现象。胶结液、菌液分别喷洒 15mL、30mL 时，菌液和胶结液稳渗速率随喷洒量增加略有上升。菌液和胶结液截留量与风蚀率呈负相关。但稳渗状态下入渗率、溶液截留量与固结特征及抑尘性能的关系不明确。菌液和胶结液稳渗现象的产生，

说明煤尘柱中固定优势渗流通路的形成。该情况是由煤尘样品孔隙溶液饱和，以及纵向煤尘柱中渗流场域的非均质性造成的。特别是随着胶结液的加入，产生的矿化物又使这一区域孔隙连通复杂性增加，样品非均质性增强。而优势渗流通道的形成会导致孔喉半径增大以及菌液和胶结液的无效循环，不利于 $CaCO_3$ 与煤尘颗粒的桥接。

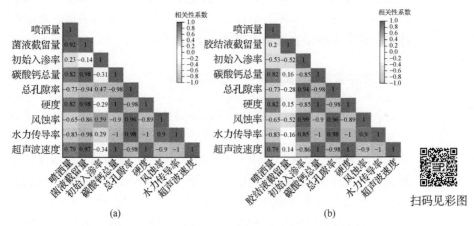

图 4-6　菌液(a)和胶结液(b)入渗特征与抑尘性能的相关性

岩土领域的研究表明，提高注浆速率有利于改善 $CaCO_3$ 的分布均匀性，在喷洒微生物抑尘剂时，3.5mL、7.5mL、15mL、30mL 的单相喷洒强度，相当于中到大雨乃至特大暴雨。煤尘固结体中不同深度的碳酸钙产量分析表明，喷洒量越多，碳酸钙产量越不均匀，这是抑尘剂不同组分在入渗过程中的受力、反应过程、入渗模式等的不同，导致在煤尘柱不同深度中矿化产物分布的差异。不同于岩土领域，在抑尘领域，只需在粉尘表层产生足够厚度、强度的固结体就能有较好的抑尘效果，且在成本控制上可能更具有吸引力。因此，今后可通过改善喷洒方式，如少量多次、雾化喷洒等方法，或联合外源物质提高溶液黏度，从而促进表层粉尘上微生物的滞留和生存，增加表层粉尘固结体的碳酸钙产量，进而增强表层固结体的力学性能和抗蚀性，最终提高微生物抑尘剂的抑尘性能。另外，深入探讨微生物抑尘剂用量、表层固结体厚度以及特征在抑尘过程中的作用机制工作也亟待开展。

4.2　微生物抑尘剂在粉尘上的吸附

微生物抑尘剂入渗后,微生物是否能吸附在粉尘上并能顺利生长是影响其脲酶分泌并发生生物矿化,进而影响抑尘的关键,本节通过研究微生物在煤尘上的吸附特征、细菌在不同粒径煤尘表面的吸附规律等,探究了细菌在煤尘表面的吸附机制。

4.2.1　煤尘粒径和质量对微生物吸附的影响

不同粒径煤尘对产脲酶菌的吸附量随煤尘质量的变化曲线如图 4-7 所示,可以看出,随煤尘质量的增加,微生物吸附量呈先增加后降低的趋势,当煤尘粒径为 40～80 目和 120～200 目、加入煤尘质量为 0.8g 时,吸附量达到最大值,而对于 80～120 目的煤尘来说,煤尘质量为 1.0g 时,达到最大吸附量。另外,煤尘粒径为 40～80 目时,煤尘的最大吸附量最高(40.71mg/g),比 80～120 目和 120～200 目煤尘的最大吸附量分别高 1.32 倍和 1.61 倍。

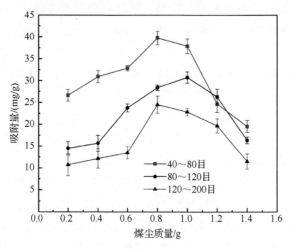

图 4-7　不同粒径煤尘对产脲酶菌的吸附量随煤尘质量的变化曲线

4.2.2　吸附等温线分析

利用 Langmuir、弗罗因德利希(Freundlich)、朗缪尔-弗罗因德利希 (Langmuir-Freundlich)和 Temkin 方程对试验数据进行拟合(图 4-8)，并计算得到吸附等温线方程中 R^2 值(表 4-2)。三种粒径煤尘的吸附等温线在 Freundlich 模型吸附等温数据中，n 值均为 $1.39\sim1.45$，表明吸附可以进行，且煤尘表面不均匀。以 $40\sim80$ 目为例，在 Freundlich 模型中，常数 n 为 1.44，表明该吸附试验可行。与双参数模型相比，三参数模型具有较高的相关系数和较低的百分比误差值，一般能较好地反映吸附等温数据。在四种吸附模型中，Langmuir-Freundlich 模型的 R^2 值最高，均高于 0.99，该吸附试验最符合 Langmuir-Freundlich 模型，为单层吸附模型。

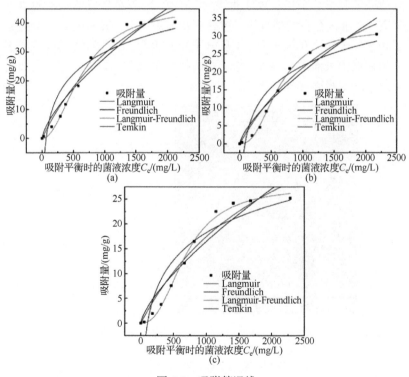

图 4-8　吸附等温线

(a) $40\sim80$ 目；(b) $80\sim120$ 目；(c) $120\sim200$ 目

表 4-2　吸附等温线方程中 R^2 值

模型	R^2(40～80目)	R^2(80～120目)	R^2(120～200目)
Langmuir	0.97011	0.95951	0.95331
Freundlich	0.94668	0.93409	0.92553
Langmuir-Freundlich	0.99365	0.99897	0.99549
Temkin	0.86017	0.86206	0.88665

4.2.3　煤尘对微生物的吸附机制

1. Materials Studio 模拟

为进一步验证微生物与煤的相互作用，通过 Materials Studio 模拟发现,随着反应的进行,煤分子和细菌分子逐渐紧密地结合在一起,如图 4-9(a)所示。图 4-9(b)和(c)中灰色区域显示了沿 z 轴方向水分子、细菌分子和煤分子相对浓度曲线之间的重叠,重叠区域表示水的渗透范围。在细菌存在的情况下,重叠面积显著增大,表明更多的细菌分子和水分子作用在煤表面。这从分子层面表明,细菌的加入提高了水分子在煤尘表面的润湿性,与宏观的接触角结果一致,从而表明细菌可以更好地吸附在煤尘表面。

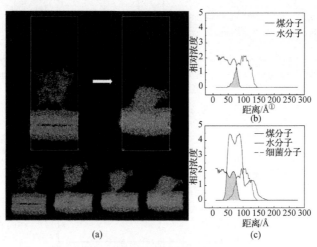

图 4-9　Materials Studio 模拟
(a) 煤表面细菌润湿扩散过程；(b)、(c) 润湿范围

① 1Å=0.1nm=10^{-10}m。

2. 电镜分析

由图 4-10(a)～(d)可观测到 X4 菌在煤尘表面大量吸附，放大倍数为 20000 倍时可以看出吸附为单层吸附[图 4-10(c)]，放大倍数为 40000 倍时，细菌间首尾相接或并排黏附，很少单独存在[图 4-10(d)]，这是由于细菌间的黏附能力较强，有部分细菌在固体表面牢固吸附后，可以通过细菌间的吸附，使大量细菌以团聚的形式吸附在固体表面，证明了分子间存在相互作用力。图 4-10(e)～(h)为饱和吸附状态，与图 4-10(a)～(d)对比，随着细菌浓度的增大，溶液中游离的细菌不断地吸附到煤尘上，逐渐铺满煤尘表面，达到饱和状态，当细菌浓度继续增加时，吸附在煤尘上的细菌紧密连接，仍然呈单层排列状态，进一步证实了 X4 菌在煤尘表面的吸附为单层吸附。

图 4-10 吸附 12h 时吸附在煤尘上的细菌电镜图[(a)～(d)]及吸附 24h 时吸附在煤尘上的细菌电镜图[(e)～(h)]

3. 红外光谱分析

如图 4-11 所示，在细菌的红外光谱中，3414cm^{-1} 处为芳香族或脂肪族仲酰胺 N—H 的伸缩振动峰，1638cm^{-1} 处为酰胺的 C=O 伸缩振动强吸收峰，1369cm^{-1} 处为伯酰胺 R—CONH$_2$ 的 C—N 的伸缩振动峰。煤的红外光谱中，1617cm^{-1} 处为—NO$_2$ 双键伸缩振动峰，1371cm^{-1} 处为氨基，1301cm^{-1} 处为叔醇基团，主要吸收峰与细菌相似，基团组成包括酰胺基和氨基。吸附过后，3411cm^{-1}、1371cm^{-1} 和

1301cm⁻¹的吸收峰没有明显变化,说明吸附对菌体本身的结构没有产生严重破坏。加入钙源后在 3745cm⁻¹ 处出现了新峰,为仲酰胺 N—H 的伸缩振动峰,表明细菌表面的酰胺基是细菌与煤尘颗粒发生吸附的主要活性基团。

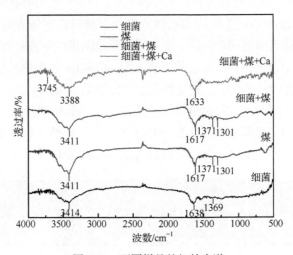

图 4-11　不同样品的红外光谱

4.2.4　煤尘对微生物的吸附特征与抑尘性能的相关性

　　为解析菌体吸附特征与抑尘性能的相关性,利用 SPSS 软件将煤尘的吸附特征与接触角、抑尘性能以及抑尘机制等相关数据进行皮尔逊(Pearson)相关性分析,并进行可视化作图(图 4-12),可以看出,吸附量与接触角存在极强的负相关性,即吸附量越高,接触角越小,表明润湿效果越好;风蚀质量损失和雨蚀质量损失与吸附量存在极强的负相关性,即吸附量越高,质量损失越小,说明抑尘效果越好,也就是说抑尘效果与吸附效果存在正相关性;碳酸钙产量与吸附量呈正相关,并且具有极强的相关性。通过相关性热图可以得出,吸附特征与抑尘性能及机制存在正相关性。因此,可以通过提高产脲酶菌在煤尘上的吸附来提高微生物抑尘剂的抑尘性能。

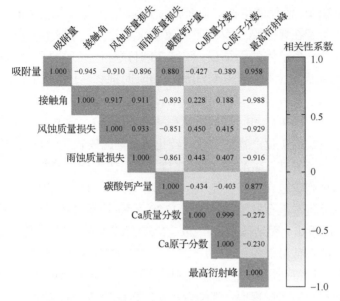

图 4-12 微生物吸附特征与抑尘性能相关性热图

扫码见彩图

4.3 微生物抑尘剂对粉尘的固结特征

目前,抑尘剂抑尘效果的评价方式仍不统一,对于黏结型抑尘剂而言,粉尘固结层的厚度、硬度等特征是常用的指标,其与抗侵蚀性密切相关。本节对单一产脲酶微生物、复配产脲酶微生物和产脲酶菌群微生物制备的微生物抑尘剂作用后的煤尘固结体的微观形貌、晶型特征、吸附特性和胶结效果的相关性等方面进行分析,同时阐述不同微生物抑尘剂对粉尘的胶结机理。

4.3.1 微观形貌分析

1. 单一产脲酶菌微生物抑尘剂作用后的煤尘固结体微观形貌

不同处理天数下煤尘固结体的微观形貌见图 4-13,可以看出,喷洒水后的烟煤煤尘样品,试样中颗粒松散,煤尘之间存在很大空隙

[图 4-13(g)]。喷洒微生物抑尘剂后的烟煤煤尘样品，细菌生成的碳酸钙晶体附着在煤尘颗粒表面或充填于煤尘孔隙，将煤尘颗粒相互黏结，形成一个整体的固结层。胶结 3d 时试样固结层的孔隙率较高，碳酸钙堆积较为松散[图(4-13(a)]。随时间推移，15d 时试样表面孔隙率降低，固结层变得致密[图 4-13(c)]；但在固结的第 30d，固结层的孔隙又增大[图 4-13(e)]。同时，从图 4-13(b)、(d)、(f)中可以观察到试样表面生成的矿化产物正由球状转化为聚集的簇状菱形石，这是因为球霰石型碳酸钙在碳酸钙存在相中属于低密度物相，成核速率快，且细菌的细胞壁包含许多官能团，如羧基、羟基和磷酸基团，这些官能团可以促进球霰石的结晶。图 4-13(h)为不同天数时煤尘的 XRD 分析，可以看出，固结体样品在 $2\theta = 27.04°$ 和 $32.78°$ 附近出现球霰石型碳酸钙的特征衍射峰；在 $2\theta = 29.41°$、$31.90°$ 和 $39.85°$ 附近出现方解石型碳酸钙特征衍射峰，且随着时间的推移，方解石衍射峰渐趋明显，这也表明在固结过程中，伴随着矿化产物晶型结构的转化。

(a)　　　　　　　　　　　　　(b)

(c)　　　　　　　　　　　　　(d)

图 4-13 不同处理天数下煤尘固结体的微观形貌

(a) 3d；(c) 15d；(e) 30d；(b)、(d)、(f)分别为(a)、(c)、(e)的局部放大；(g)水处理的煤尘；(h)不同天数时煤尘的 XRD 分析

同样，微生物抑尘剂对不同粒径煤尘固结效果的微观形貌如图 4-14 所示，可以看出，不同粒径的煤尘因粒径差异而呈松散分布的状态[图 4-14(a)、(c)、(e)]。加入微生物抑尘剂后，生成的矿化产物均能附着在煤尘颗粒表面或在内部充填孔隙，将煤尘颗粒相互固结[图 4-14(b)、(d)、(f)]。在固结过程中，方解石晶体多以团簇形式析出。其中，对于 40～80 目煤尘，碳酸钙在煤尘表面大量形成，

图 4-14　微生物抑尘剂对不同粒径煤尘固结效果的微观形貌

(a)、(c)、(e)40～80 目、80～120 目、120～200 目煤尘的电镜图；(b)、(d)、(f)X4 菌微生物抑尘剂在 40～80 目、80～120 目、120～200 目煤尘表面的固结电镜图

将煤尘包固，固结程度较高，这从侧面反映了大粒径煤尘为好氧微生物提供了适宜的生存环境，使得微生物能快速繁殖和发生矿化，进而使煤尘固结较为牢固，从而增强了其抗风蚀性。

2. 复配产脲酶微生物抑尘剂作用于煤尘后固结体的微观形貌

经复配产脲酶微生物抑尘剂处理后不同煤尘样品的微观结构研究发现，煤尘表面出现了一层微生物抑尘剂薄膜，并且煤尘颗粒之间彼此相连，形成了一个整体固结层(图 4-15)。当将样品放大到 10000倍时，在煤尘样品的表面或连接处均发现了细菌存在的痕迹，表明细菌在煤尘中可以存活，并发挥了矿化胶结抑尘作用。图 4-16 显示了微生物抑尘剂处理前后煤尘的 XRD 谱图。在经微生物抑尘剂处理后煤尘的 XRD 谱图中发现，120 目褐煤煤尘中发现了方解石型碳酸钙($2\theta = 43.1°$)的特征衍射峰，烟煤中发现了方解石型碳酸钙($2\theta = 47.6°$和48.5°)的特征衍射峰，说明在煤尘中产生了新的碳酸钙。

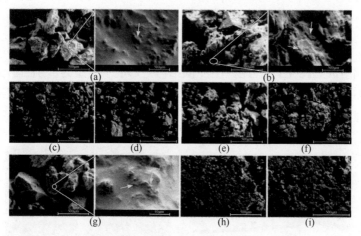

图 4-15　经微生物抑尘剂处理后煤尘的 SEM 图

(a) 褐煤 40 目；(b) 烟煤 40 目；(c) 褐煤 80 目；(d) 褐煤 120 目；(e) 烟煤 80 目；
(f) 烟煤 120 目；(g) 无烟煤 40 目；(h) 无烟煤 80 目；(i) 无烟煤 120 目

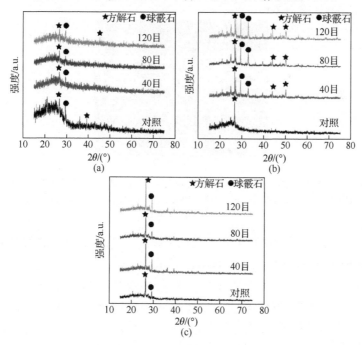

图 4-16　微生物抑尘剂处理前后煤尘的 XRD 谱图

(a) 褐煤；(b) 烟煤；(c) 无烟煤

3. 产脲酶菌群微生物抑尘剂作用于煤尘后固结体的微观形貌

产脲酶菌群微生物抑尘剂处理煤尘 15d 后的固结体微观形貌和物相组成见图 4-17，可以看出，固结体中形成了典型的金刚石簇方解石 $CaCO_3$。这些 $CaCO_3$ 镶嵌于煤体孔隙和黏附在煤尘表面，阻塞了孔隙、增加了煤尘的致密性。

图 4-17 产脲酶菌群微生物抑尘剂处理煤尘 15d 后的固结体微观形貌和物相组成
(a)加入培养基和产脲酶菌群后煤尘固结体的 XRD 谱图；(b)和(c)添加培养基和产脲酶菌群后煤尘固结体的 SEM 图像

而不同钙源微生物抑尘剂处理下煤尘固结体的 XRD 谱图和 SEM 图像如图 4-18 所示，可以看出，不同钙源微生物抑尘剂处理的煤尘样品中均检测出方解石型碳酸钙的特征吸收峰(2θ=29.4°、43.1°和48.5°)，这说明在微生物抑尘剂作用下，煤尘固结体中均形成了碳酸钙沉淀。SEM 结果显示，$CaCO_3$ 分布于煤尘表面，抑或填充于煤尘孔隙之间，增加了煤尘粒径或成为煤尘颗粒之间的"桥梁"。孔隙间的矿化产物将煤尘固结成为一个整体，提高了煤尘样品的抗蚀性。硝酸钙微生物抑尘剂处理的样品展现出最高的煤尘颗粒胶结程度,矿化层几乎完全包裹煤尘样品,且 $CaCO_3$ 充分填充于孔隙之间,这与煤尘样品抗蚀性密切相关,进一步表明微生物矿化性能在抑制煤尘中起着关键作用,足够的方解石型 $CaCO_3$ 所提供的固结强度,可以稳定且高效地固结煤尘。

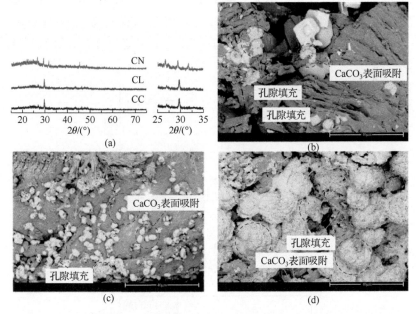

图 4-18　不同钙源微生物抑尘剂处理下煤尘固结体的 XRD 谱图和 SEM 图像
(a)微生物抑尘剂处理后煤尘的 XRD 谱图;(b)、(c)、(d)分别为不同钙源氯化钙(CC)、乳酸钙(CL)和硝酸钙(CN)微生物抑尘剂处理后煤尘样品的 SEM 图

4.3.2　固结体的孔隙特征和斥水性

固结 3d 时煤尘固结体样品孔隙率高[图 4-19(a)],推测可能是因为初期 $CaCO_3$ 形成快,$CaCO_3$ 在含水环境中松散地积聚在一起,$CaCO_3$-颗粒之间接触能力差。固结 5~15d 时,固结体的孔隙率降低,这是由于 $CaCO_3$ 晶型稳定,良好的黏结力导致孔隙填充或丧失。15d 后固结体的孔隙率开始增加,这可能是部分 $CaCO_3$ 覆盖煤

尘样品表面，随着时间增长，固结体受潮，$CaCO_3$ 与煤尘颗粒界面脱黏，致使结构机械性能减弱和孔隙裸露，增加了孔隙率。分形维数反映了复杂形状占用空间的有效性，是复杂形状不规则性的度量。在整个监测阶段，固结 3d 时孔隙的分维形数最高(1.24)，说明初期矿化产物的形成导致煤尘内孔隙变得复杂;固结 5~15d 时固结体分维形数变化不大，保持在 1.22±0.02，表明样品的孔隙微观结构达到了稳定状态。15d 后，分形维数稍有升高，说明 $CaCO_3$ 与煤尘颗粒脱黏导致孔隙进一步发育，结构变得复杂，孔隙再次增多。

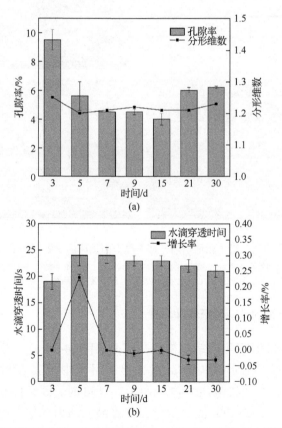

图 4-19　不同时间段孔隙率和分形维数变化(a)及不同时间段煤尘固结体的水滴穿透时间及其增长率(b)

同样,微生物抑尘剂固结煤尘的水滴穿透时间也说明了在抑尘过程的孔隙变化过程。如图 4-19(b)所示,煤尘固结 3d 时,固结体的水滴穿透时间最短。5~15d 时,水滴穿透时间变长且趋于稳定,整体固结层表现为轻微斥水。15d 后,水滴穿透时间又稍有降低。水滴穿透时间侧面反映了煤尘中孔隙随着微生物抑尘剂矿化过程的填充与再发育特征。

固结煤尘的孔隙率在 27.09%~29.42%,硝酸钙微生物抑尘剂(CN 组)处理的孔隙率 ϕ 低于氯化钙微生物抑尘剂(CC 组)和乳酸钙微生物抑尘剂(CL 组),相比后两者分别降低了 2.33 个百分点和 0.91 个百分点(图 4-20)。由内部空间分布模型可知,CC 组、CL 组孔隙体积差异小,样品中心分布的孔隙体积小、数量少,更多数量的大体积孔隙分布于柱状样品外围。总体微观孔隙呈"外环状"分布。相比之下,CN 组样品孔隙体积差异性大,部分大体积的孔隙集中分布于样品的底部,孔隙均匀致密地分布于整个样品中。由具体的孔隙参数可知,所有样品的平均孔径(μ)在 30μm 左右,所有样品 90%的孔径(d_{90})基本不超过 60μm(图 4-21)。相比于未处理的煤尘样品,固结体中整体孔径变小,且不同固结体孔径变化表现出的差异性不大。通过孔隙体积对孔隙进行类别划分:微孔 (0 ~ 50000μm³)、中孔 (50000 ~ 100000μm³)、大孔 (>100000μm³)。结果显示,所有样品中孔隙类别的占比顺序为大孔>微孔>中孔。CN 组中大孔占比最高(49.8%)且微孔占比最低(33.7%)。CL 组中大孔占比最低(42.9%)且微孔占比最高(37.9%)。

扫码见彩图

图 4-20　固结煤尘样品的孔隙三维重构图与内部孔隙理想球体模型(球体大小代
表孔隙体积大小，球体颜色代表孔隙体积的变化梯度)

(a) CC 组；(b) CL 组；(c) CN 组

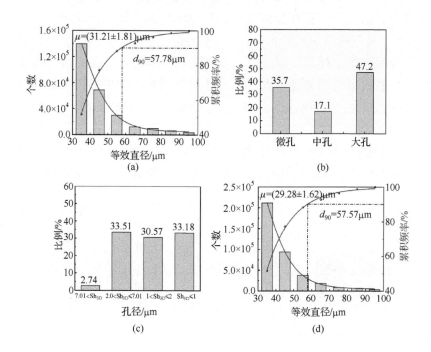

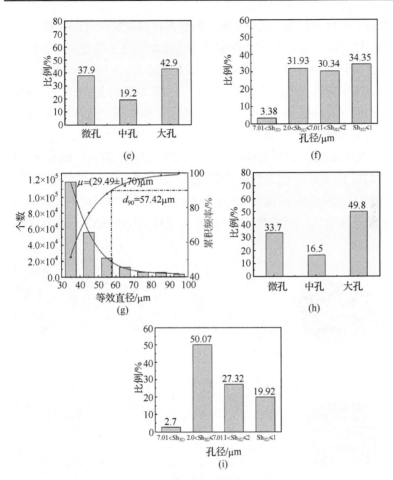

图 4-21　固结煤尘样品的孔径分布、孔类别
(a)～(c) CC 组；(d)～(f) CL 组；(g)～(i) CN 组

4.3.3　矿化产物生长分析

不同钙源微生物抑尘剂作用下，CN 组的碳酸钙体积分数 f_e 明显低于 CC 组和 CL 组(图 4-22)。由内部空间分布模型可知，虽然 CC 组和 CL 组中 $CaCO_3$ 体积分数较高，但其中小体积碳酸钙较多，且多呈现无规则松散的空间分布。而大体积 $CaCO_3$ 更多的是聚集分布于柱状样品的中心区域。相反，CN 组中更多的是大体积 $CaCO_3$，其分布

并不局限于柱状样品的某一区域,而是由样品内部向外部扩展。在试验中不同样品的试验参数和外部环境之间均保持了良好的一致性,定量分析得到的差异可以归因于不同微生物抑尘剂的差异。但 CN 组 $CaCO_3$ 体积分数最低,孔隙率也最低。由图 4-23 可知,CN 组 $CaCO_3$ 的颗粒平均直径(u)最大,约为 87.74μm。不同样品中还存在不同的碳酸钙生长取向。CC 组样品中碳酸钙晶体在顶部产生约 135°、210°和 340°的优先取向,中部表现出 180°和 220°的优先取向,而底部表现出约 170°和 290°的优先取向。CL 组样品中 $CaCO_3$ 晶体在顶部产生约 30°、165°和 240°的优先取向,中部表现出 60°和 230°的优先取向,而底部表现出约 330°的优先取向。CN 组样品中 $CaCO_3$ 仅在顶部存

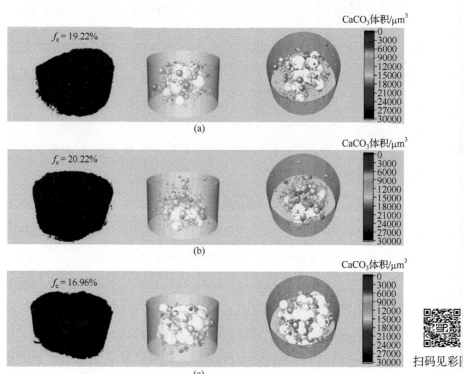

图 4-22　固结煤尘样品的 $CaCO_3$ 三维重构图与内部 $CaCO_3$ 理想球体模型(球体大小代表碳酸钙体积大小,球体颜色代表碳酸钙体积的变化梯度)
(a) CC 组;(b) CL 组;(c) CN 组

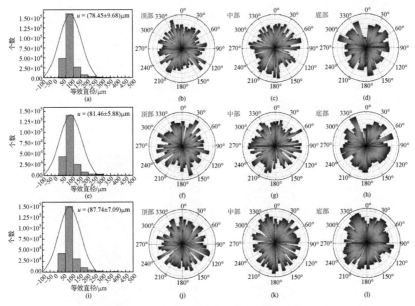

图 4-23 固结煤尘样品的 $CaCO_3$ 颗粒直径与垂直方向的分层颗粒生长取向

(a)~(d)为 CC 组；(e)~(h)为 CL 组；(i)~(l)为 CN 组

在约 110°和 240°的优先取向。中部和底部碳酸钙晶体相对均匀且无明显取向。沉积特性的差异导致了 $CaCO_3$ 沉淀生长取向的不同，这其中取向角度的规律性很可能与微生物抑尘剂在煤尘中的渗流与滞留有关，有待于进一步研究。

此外，所有样品中 $CaCO_3$ 沉淀率均能够达到 90%以上，且经显著性检验发现，不同组间 $CaCO_3$ 沉淀率无明显差异[图 4-24(a)]。这表明固结样品中 $CaCO_3$ 含量基本相同。固结样品中 $CaCO_3$ 的分布变异系数表明，$CaCO_3$ 沿垂直方向分布明显不均匀，分布变异系数由顶部至底部呈减少的趋势[图 4-24(b)]。所有样品的分布变异系数波动幅度主要在 0.05~0.30。总的来说，样品顶部的分布变异系数最大，说明此处的 $CaCO_3$ 分布最不均匀。相比之下，中部和底部 $CaCO_3$ 分布的均匀性有所改善。这是因为在两相注入的过程中样品顶部为注入口，其容易产生生物堵塞现象。而在经过顶层颗粒的缓冲后,溶液渗流逐渐稳定,促进了中部和底部生物诱导产生的 $CaCO_3$

的均匀分布。不同样品存在不同的分布变异系数和 $CaCO_3$ 分布，其中 CN 组展现出了最均匀的 $CaCO_3$ 沉积分布，相比于 CL 组中部的 $CaCO_3$ 分布变异系数降低了 33%。而不同的 $CaCO_3$ 分布通常会导致在相应的颗粒沉积处不同的胶结或填充水平，这也会影响 MICP 处理煤尘的抗蚀性能。

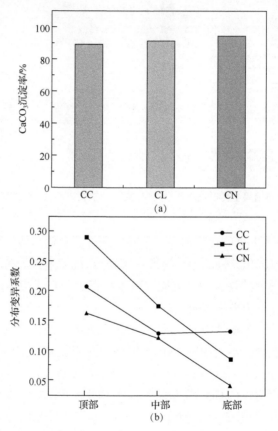

图 4-24　固结煤尘中的 $CaCO_3$ 沉淀率(a)以及分布变异系数(b)

　　总比表面积(TSSA)被定义为单位固结煤尘所具有的总表面积，比表面积越大，颗粒越细。由图 4-25 可知，CN 组的总比表面积低于 CC 组和 CL 组，为 $2.86 \times 10^4 m^{-1}$，这表明其诱导固结后的煤尘颗粒更大，更加趋向于一个整体。此外，还呈现了碳酸钙比表面积 (SSA$_c$) 与固结煤尘总比表面积 (TSSA) 之间比率的演变。根据 SSA$_c$ 和 TSSA 的定义，该比率如下：SSA$_c$/TSSA = $(S_c/S_g)/[1 + (S_c/S_g)]$，其中 S_g 和 S_c 为煤尘颗粒和 CaCO$_3$ 与孔隙接触的表面积。该比率表征了 CaCO$_3$ 覆盖煤尘颗粒初始表面的百分比。当比值等于 0 时，$S_c = 0$，无 CaCO$_3$；当比值等于 0.5 时，$S_c = S_g$；当比值等于 1 时，$S_g = 0$，即煤尘颗粒被 CaCO$_3$ 完全覆盖。结果显示，CN 组样品 CaCO$_3$ 覆盖率最高，为 77%($C_r = 16.96$%)。其次为 CL 组样品，CaCO$_3$ 覆盖率为 76%($C_r = 20.22$%)。CC 组样品 CaCO$_3$ 覆盖率最低，为 71%($C_r = 19.22$%)。其中，值得注意的是，高 CaCO$_3$ 体积分数(C_r)的 CC 组和 CL 组覆盖率却不及 CN 组。

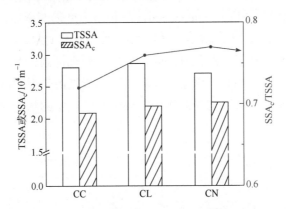

图 4-25　不同钙源微生物抑尘剂固结煤尘样品的碳酸钙比表面积、总比表面积
以及二者比值

4.4　微生物作用机制

如第 3 章所述，微生物抑尘剂性能受菌株、营养液、胶结液甚至施用方法的影响，特别是，微生物在脲酶产生、成核位点提供等方面发挥了重要作用，但随着研究的深入，发现菌群制备的微生物

抑尘剂性能更好。因此，本节利用前期形成的添加表面活性剂的产脲酶菌群，采用生物学方法对菌群的物种和相对丰度进行分析，揭示表面活性剂对微生物群落结构的影响，同时阐明微生物群落对抑尘效果的影响机理。

4.4.1　微生物对表面活性剂的响应

1. 群落结构

通过高通量 16S rDNA 测序确定了不同表面活性剂筛选的微生物群落结构，发现经过表面活性剂富集培养后，优势物种的相对丰度显著提高[图 4-26(a)]。在表面活性剂处理之前，复配菌群中的微生物群落结构在门水平上主要由 Firmicutes 组成，相对丰度高达98.94%。培养 5d 后，Proteobacteria 的相对丰度逐渐增加至 41.13%，Firmicutes 的相对丰度减少至 58.72%。在 0.05% CAB、0.1% APG、0.2% SDBS 处理下，Proteobacteria 的生长受到抑制，但随着表面活性剂浓度增加，抑制作用逐渐减弱。这可能是由于不同微生物群落在不同表面活性剂浓度下的作用机理不同而产生的耐受性和种群间的生存竞争不同。

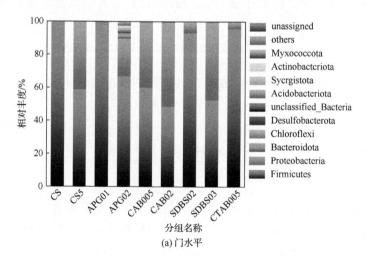

(a) 门水平

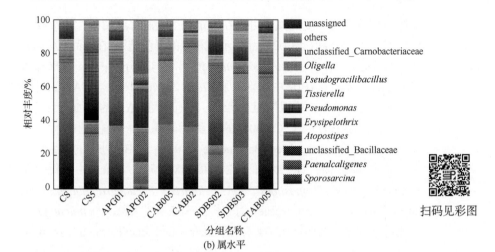

图 4-26　细菌群落组成

CS 为复配菌液；CS5 为 5d 后的复配菌液；APG01 为 0.1%的 APG；APG02 为 0.2%的 APG；
CAB005 为 0.05%的 CAB；CAB02 为 0.2%的 CAB；SDBS03 为 0.3%的 SDBS；SDBS02 为
0.2%的 SDBS；CTAB005 为 0.05%的 CTAB

在属水平下，*Sporosarcina* 在培养 2d 后的初始复配菌液中占有74.43%的相对丰度，其余的主要物种代表是 *Atopostipes* 和*Erysipelothrix* [图 4-26(b)]。在所有样品中，*Sporosarcina pasteurii* 是*Sporosarcina* 属的主要物种。特别是 *Sporosarcina pasteurii* 以高产脲酶而著称，这解释了它们在高产脲酶样品中存在的原因。5d 后，CS5 样品中 *Pseudomonas* 的相对丰度达到了 39.60%，但是其具有潜在的致病性，也就是说在没有表面活性剂的条件下随着时间的延长增加了复配菌群致病的风险。除了 CTAB005 以外，在表面活性剂处理的样品中几乎没有检测到 *Pseudomonas*。结果表明，使用表面活性剂可以有效抑制病原菌的生长。类似地，在 0.1%的 APG 处理之后，*Sporosarcina* 属占据了38.23%的相对丰度，其次是 unclassified_Bacillaceae、*Atopostipes* 和*Erysipelothrix*。目前已经有研究报道可以从 Bacillaceae 中分离出产脲酶的细菌。与 APG01 样品相比，APG02 样品中 *Sporosarcina* 的相对丰度降低至 4.11%，unclassified_Bacillaceae 减少至 16.87%，*Erysipelothrix* 增加至 22.96%，且 *Paenalcaligenes* 的相对丰度从 0%增加到 15%，其中可能含有少数脲酶阳性菌。尽管不能排除其他影响脲酶产生的机制，但脲酶阳性菌群相对丰度的减少可以在一定程度上解释脲酶活性持续降低的原因。CAB005 和 CAB02 样品显示出相似的群落结构。在样品 CAB005 中, *Sporosarcina* 和 *Paenalcaligenes* 的相对丰度分别占了 38.80% 和 37.08%, 在样品 CAB02 中分别占了 37.27% 和 46.74%。当 CAB 浓度达到 0.05% 时, 群落结构保持相对稳定, 且随 CAB 浓度的增加无明显变化。但是 CAB005 和 CAB02 的脲酶活性保持一个较低的状态。*Sporosarcina* 和 unclassified_Bacillaceae 在 0.2% SDBS 处理的样品中占据了微生物群落的 21.15% 和 46.24% 的相对丰度, 其余的主要代表有 *Paenalcaligenes*、*Atopostipes*、*Erysipelothrix*、*Pseudogracilibacillus* 和 unclassified_Carnobacteriaceae。对于样品 SDBS03 来说, *Paenalcaligenes* 的相对丰度显著增加至 43.04%, 而 unclassified_Bacillaceae 的相对丰度则显著降低至 2.53%。*Sporosarcina* 的相对丰度虽然略微增加至 25.39%, 但脲酶活性仍处于较低状态。这种情况类似于样品 CAB005、CAB02 和 APG02, 因为群落结构部分只能直接观察其中的物种组成, 所以需要对细菌进行进一步的相关性网络分析。经过 0.05% CTAB 处理后, *Sporosarcina* 占据了 66.28% 的相对丰度。与其他表面活性剂处理的样品以及 CS5 样品相比, 群落结构在加入表面活性剂前后没有明显变化。这可以说明表面活性剂 CTAB 在一定程度上具有稳定微生物群落结构的作用。但是上述研究发现, CTAB 似乎不对某些细菌的生长造成明显影响(图 4-27), 因此它有可能仅抑制脲酶的释放。

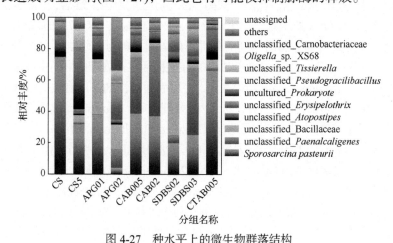

扫码见彩图

图 4-27　种水平上的微生物群落结构

2. 相关性网络分析

根据各个物种在样品中的相对丰度以及变化情况, 进行斯皮尔曼(Spearman)秩相关分析, 并筛选相关性大于 0.1 且 p 值小于 0.05 的数据以构建属水平上的相关性物种网络(图 4-28)。分析表明, *Sporosarcina* 与 *Bacillus* 呈强正相关性, 这有利于脲酶阳性菌的生存和提高脲酶释放的潜力。但是 *Sporosarcina* 与 *Paenalcaligenes* 呈强烈的负相关性, 因此, *Paenalcaligenes* 占比较高的样本(CAB005、CAB02 和 SDBS03)显示出较低的脲酶活性, 现已在此得到有力证实。此外, 低相对丰度的物种, 如 *Paenalcaligenes*、unclassified_Methylophilaceae、unclassified_Gemmatimonadaceae、unclassified_*Firmicutes_bacterium*, *Denitratisoma* 和 unclassified_Comamonadaceae 与 *Sporosarcina* 具有负相关性, 而与 uncultured_*Chlorobi_bacterium* 和 *Facklamia* 呈正相关, 但是这种微弱的关系似乎不是影响脲酶释放的主要因素。

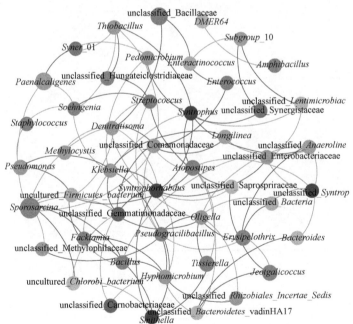

扫码见彩图

图 4-28　属水平上的相关性物种网络图
绿线表示负相关, 红线表示正相关, 线条颜色越深, 相关性越大

3. 菌群对表面活性剂的响应机理

表面活性剂有一个共同的特征是典型的两亲特性，4 种表面活性剂可以以不同方式抑制细菌的生长和增殖。结合文献分析和试验结果,本书对表面活性剂影响产脲酶复配菌群的机理进行了推测(图 4-29),0.3%的 SDBS 以及在 0.2%浓度范围内的 CAB 和 APG 可以通过改变微生物群落结构，降低产脲酶菌群的生存优势。但 0.05% CTAB 样本中，整体群落结构没有发生显著变化。随着表面活性剂浓度的继续增加，SDBS 可以与蛋白质和肽等营养物质形成稳定的带负电复合物，由于静电排斥作用，阻碍营养物质向细胞内的输送，因此会影响微生物的生长。另外，因为 APG 呈电中性不排斥细菌且亲水性弱，所以其只有通过增加浓度，能抑制细菌生长。但如果 APG 浓度过高，细

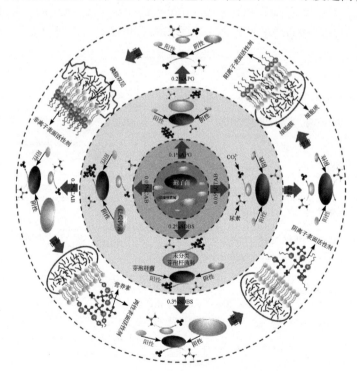

图 4-29　表面活性剂影响细菌生长的机理

胞内不溶性物质的积累会导致细胞表面出现褶皱,进一步阻碍微生物的正常代谢。CAB 在碱性环境中具有阴离子特性,但是来自复配菌群的生物表面活性剂会加速磷脂分子的翻转以溶解细菌膜。带正电荷的 CTAB 先通过静电吸引,被吸引到细菌表面以限制其代谢,然后其长烷基链可以插入细菌膜,导致细胞质外流和细菌死亡。但是随着各种表面活性剂浓度增加至超过临界胶束浓度,均可能会导致细胞内容物的流出。而从宏观方面的微生物群落分析表明,表面活性剂降低脲酶活性的原因主要有两种,一种是产脲酶的菌种相对丰度降低直接导致脲酶活性降低,另一种是微生物属 *Sporosarcina* 与 *Paenalcaligenes* 呈强烈的负相关性,构成了较为严重的生存竞争,导致脲酶活性降低。

4.4.2　复配微生物对钙源类型的响应

通过对不同钙源条件富集的微生物群落进行鉴定,并取其相对丰度前十的物种进行分析发现(图 4-30),在门水平上[图 4-30(a)],对照组 C 中接近 100%的微生物为 Firmicutes。但在三种不同钙源条件下富集的微生物群落中主要门类为 Firmicutes、Proteobacteria、Bacteroidota,且其相对丰度存在一定差异。CC 条件下,相对丰度分别为 36.8%、20.16%、20.08%。CL 条件下,相对丰度分别为 23.1%、25.6%和 10.9%。

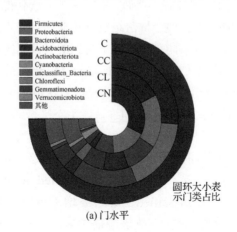

(a)门水平

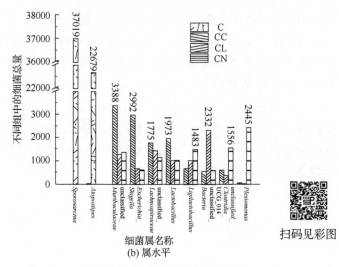

图 4-30　不同钙源条件下微生物群落的组成

在 CN 条件下，相对丰度分别为 42.3%、22.1%、14.3%。此外，CL 组中 Acidobacteriota 和 Actinobacteriota 的相对丰度显著增加，分别为 9.5%和 11.3%。这表明钙源的加入改变了微生物门类组成，不同钙源刺激对于优势门类的影响不大，只在相对丰度上有所差异。

在属水平上[图 4-30(b)]，*Sporosarcina* 和 *Atopostipes* 是 C 中的主要成分，其中 *Sporosarcina* 是一种典型的产脲酶细菌，*Atopostipes* 是脲酶阴性且嗜碱的细菌。然而，不同钙源筛选获得的微生物样品中几乎没有这两种菌属，整个群落结构变化显著且表现出了意想不到的属内多样性。在三种不同钙源作用下得到的各菌属组成具有相似性但又各有特征，其中 CC 组，unclassified_Muribaculaceae、*Escherichia_Shigella*、unclassified_Lachnospiraceae、*Lactobacillus* 为主要菌属，且多具有代谢供能、修复再生和维持微生态平衡的功能。由此可见，该组微生物群落可积极应对环境的改变，侧面反映氯化钙的加入促使群落增强了自身代谢修复和维持功能，但这势必会影响产脲酶能力，最终影响其抑尘性能。CL 组中，unclassified_*Bacteria* 存在明显属间优势。据报道，unclassified_*Bacteria* 增多有助于微生物群落的重塑和 MICP 的微生物转化。故该群落中适应性较高的群体能够快速占据优势，弱化钙源对群落的影响。CN 组中，*Plesiomonas*、unclassified_*Clostridia*_UCG_014 以及 *Ligilactobacillus* 存在明显优势。这其中 *Plesiomonas* 为硝酸盐还原菌，其余菌属代谢过程有助于细菌再生和修复，且菌属对不良环境条件具有极强的抵抗力，这降低了环境因素对群落产脲酶能力的影响，因此 CN 组重塑后的微生物群落能够稳定且高效地分解尿素。除此之外，硝酸盐还原菌的存在还涉及基于氮循环的被动途径 MICP，故其 MICP 性能优异。

4.4.3 微生物群落功能基因分析

为研究微生物群落适应钙源的响应机理，利用 PICRUSt2 软件包进行基因功能预测，对原核生物同源蛋白簇(clusters of orthologous groups of proteins，COG)数据库的遗传数据进行了注释和比较。如图 4-31 所示，在 COG 数据库中分析了四类(代谢、细胞过程和信号传导、信息储存与处理、缺失的功能描述)功能蛋白。同 C 组相比，不同钙源筛选的微生物群落之间功能基因相对丰度变化存在相似趋势。这说明钙源的加入导致了微生物群落功能基因发生改变，且微生物群落对不同钙源存在类似的功能响应机理。在代谢范畴中，能量生产和转换、碳水化合物运输与代谢以及辅酶转运与代谢基因相对丰度的增加说明了微生物仍尽力维持正常的微生物活动和细胞合成。但也有部分亚功能的相对丰度降低，包括氨基酸转运与代谢、无机离子转运与代谢、脂质转运与代谢，表明钙源的加入会在一定程度上抑制细胞代谢。在细胞过程和信号传导范畴中，细胞壁/膜/包膜生物合成丰度显著增加，为 C 组的 1.44～1.49 倍，防御机制基因表达也有所增强。这表明，微生物群落通过增强细胞刚性和保持细胞形态来对抗环境因素的改变。此外，与 C 组相比，细胞内运输、分泌和囊泡运输的相对丰度增加到 2.16%～2.37%，但细胞运动相对丰度却降低到 1.43%～1.52%。究其原因，钙源加入后，渗透压发生变化，部分细菌利用氨基酸作为介导渗透压的相容溶质，并生成稳定细胞的大分子，在高渗透压下保护细胞。与群体感应(QS)有关的信号转导机制相对丰度下降到 4.01%～4.17%，作者推测钙源的加入引起群体猝灭 (QQ)抑制了 QS 和微生物群落行为。而 QS 系统操纵着胞外聚合物 (EPS)的分泌，EPS 在 MICP 过程中可作为 Ca²⁺的成核位点，并增强矿化产物黏结性，进而影响矿化性能以及固化效果。在信息储存与处理范畴中，翻译、核糖体结构和生物合成以及复制、重组和修复基因表达加快，这说明环境中钙源的加入被细胞所感知，DNA 和 RNA 修复机制被激活。此外，转录基因相对丰度却下降到 6.61%～6.98%，这表明修复作用弱于钙源对群落造成的影响。特别是，在所有试验组中，CN 组的 T 基因相对丰度最高，CN 组的转录功能受到的抑制作用最小，这进一步证明了 CN 筛选的群落菌属具有高抵抗性，这可能是 CN 微生物抑尘剂抑尘性能好的原因。而在缺失的功能描述范畴中，不同钙源筛选的群落功能基因的两个子功能相对丰度变化趋势一致，均降低至几乎相同水平。

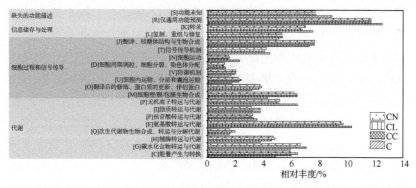

图 4-31　COG 功能分类统计图(不同功能在各样品中的相对丰度比例)

综上所述，微生物群落对钙源的响应机理为钙源加入后被微生物群落感知，微生物群落通过提高能量供给以及多样防御基因的高度表达，确保微生物群落的新陈代谢和维持细胞形态；微生物群落内细胞的生长、死亡和修复增强，高适应性群体占据优势并重塑微生物群落结构；并通过 QS 策略控制群落微生态的稳定及性能。其中，钙源 CN 筛选的微生物群落信号转导和转录基因高表达。

4.5 本 章 小 结

为推动微生物抑尘剂的发展和 MICP 技术在煤矿抑尘领域的应用，本章对微生物抑尘剂在粉尘中的入渗、截留、固结以及微生物作用机制进行了分析，得到了如下结果。

(1) 微生物抑尘剂在粉尘(煤尘)中渗流特征影响截留量并与抑尘效果息息相关。先菌液后胶结液的两相注入条件下，菌液在煤尘柱中均呈初期瞬减后期稳定的趋势，在喷洒菌液 10～50min 后，喷洒量为 15mL、30mL 时达到稳渗状态。胶结液喷洒后的初始入渗率远低于菌液。喷洒量为 15mL、30mL 时菌液的入渗率符合 Kostiakov 模型，但三种模型不适用于评价胶结液的入渗特征。较高的菌液和胶结液初始渗流速率影响粉尘固结和抑尘性能。

(2) 微生物在煤尘中的吸附决定了微生物脲酶释放以及抑尘固结性能。通过对菌株 X4 在煤尘表面的吸附特征和吸附机制的研究发现，菌株 X4 在粒径为 40～80 目煤尘中的吸附量最大(40.71mg/g)。SEM 分析和吸附等温线均表明，细菌可以在煤尘表面大量吸附，且为单层吸附。FTIR 结果表明，细菌表面的酰胺基是细菌与煤尘颗粒发生吸附的主要活性基团。Materials Studio 模拟发现，X4 菌提高了水分在煤尘表面的润湿性，并可以吸附在煤尘表面。煤尘粒径越大，微生物抑尘剂喷洒后产生的碳酸钙越多，且微生物在煤尘上的吸附量与抑尘效果呈正相关。

(3) 微生物抑尘剂作用于煤尘形成了孔隙特征以及矿化产物生长各异的固结体。无论是单一、复配还是菌群微生物抑尘剂固结煤尘时，其均通过煤尘的孔隙填充和表面黏附方式提高煤尘颗粒间的结合度，使固结后的煤尘样品整体稳定性提高；固结层具有轻微斥水性，孔隙特征和水滴穿透时间等因固结时间、不同抑尘剂条件等存在一定差异。受不同因素的影响，煤尘中矿物的生长模式也不一样，本书探讨的钙源条件证明了这一点。

(4) 微生物菌群结构随表面活性剂和钙源的加入而发生变化，并在抑尘作用发挥时起到关键作用。表面活性剂在一定程度上具有稳定微生物群落结构的作用，但也会对产脲酶细菌的生长和脲酶释放产生负面影响；钙源对微生物群落的影响主要表现在，其加入后被微生物群落感知，微生物群落通过提高能量供给以及多样防御基因的高度表达确保微生物群落的新陈代谢和维持细胞形态，微生物群落内细胞的生长、死亡和修复增强，高适应性群体占据优势并重塑微生物群落结构，并通过 QS 策略控制群落微生态的稳定及性能。

第 5 章　问题与展望

前期工作证明，基于 MICP 技术的微生物抑尘剂可以通过 $CaCO_3$ 的胶结作用黏结粉尘发挥抑尘作用，尤其是在煤尘中亦有突出表现，因此是露天煤矿一种颇有前景的抑尘技术和手段。但与该技术在其他应用领域的研究相比，微生物抑尘剂研究起步晚，发展时间短，在真正实现工程应用之前，还有包括副产物与胶结均匀性、机制探究以及成本等在内的一系列 MICP 共性和特定问题值得探索。因此，本章对其中的主要问题进行了总结和探讨，并提出了可能的解决对策。

5.1　MICP 的副产物与胶结均匀性问题

5.1.1　氨逸散问题与对策

尿素水解途径的 MICP 过程是当前研究最多和工程应用最具前景的技术，但该途径通过水解尿素促使矿化过程的发生，每 1mol 尿素水解会释放 2mol 氨。氨发生水解会生成铵根和氢氧根，促使环境 pH 升高，这有利于碳酸盐结晶，但如果 pH 继续升高，超过 8，氨从矿化环境中的逸散会变得尤为显著。首先，氨逸散不利于矿化，会导致反应体系中 pH 降低，引起方解石溶解，报道称，其溶解率可达 30%，因此，氨逸散会影响方解石沉淀的稳定性以及固结效果的长期可持续性[81]。其次，一旦过量氨逸散，还将对生态环境造成负面影响[82]。氨可以与大气中的酸性化合物(如硝酸和硫酸)快速反应，并转化为雾化的铵颗粒，通常为硫酸铵和硝酸铵，作为气溶胶，这些氮化合物会影响生态平衡，降低生物多样性；而氮一旦沉积，又会影响土壤酸度、森林生产力、陆地生态系统生物多样性、溪流酸度和海岸生产力[83]。最令人担忧的是，大气中氮元素在酸雨形成中的高贡献可能会损害植物生命，导致土壤和植被过度施肥，激发地表水中的藻类水华现象，并损害水生生物。几项研究表明，在温带地区，大气氮沉降是土壤酸化的原因之一[84]。最后，氨对健康有害，根据我国《生活饮用水卫生标准》(GB 5749—2022)，饮用水中氨浓度摄入超过 0.5mg/L 会导致婴儿患上像"蓝婴综合征"一样的致命疾病。因此，氨逸散问题是 MICP 技术工程应用的一个共性问题。目前，针对 MICP 技术过程存在的氨逸散问题，国内外学者做了一些探索性工作。

1) 前期预防

尿素是 MICP 过程中产生氨的根本原因，因此，解决氨逸散问题的首要任务就是优化尿素用量，以最大限度地减少氨的逸散。在 MICP 技术的其他应用中，对于氨逸散前期预防的研究较为广泛，如在土壤胶结领域，南洋理工大学的楚剑教授利用一种低 pH 的一体化生物水泥溶液(即细菌培养液、尿素和 $CaCl_2$ 的混合物)，溶液整体酸性较强，通过调节尿素用量，产生的氨与溶液中的质子结合形成可溶性铵离子，使氨释放量减少 90%以上，这意味着该技术在环境友好性方面有了显著改善[39]；在重金属去除领域，Torres-Aravena 等[85]也指出减少氨逸散的第一步必须是优化尿素用量。而在抑尘领域，更多研究人员致力于通过对基于 MICP 技术的微生物抑尘剂配方的优化，以提高其抑尘性能，而忽略了其中氨逸散问题。作者也尝试通过单因素、响应曲面等方式，优化尿素、钙源、碳源等因素的用量，试图找到基于 MICP 技术微生物抑尘剂的最佳配方，保证较好的抑尘效果。然而，微生物抑尘剂中氨逸散特征以及机制尚未探明，如何通过前期预防减少 MICP 过程中氨产生和保证碳酸钙结晶的形成是未来的研究方向之一。

2) 末端治理

通过氨吸收、转化和再利用等方式，避免氨进入大气、水体、土壤等环境介质是氨逸散控制的一种末端治理方案。首先，添加能够吸收氨的物质可以限制氨逸散，如在固沙领域，华北水利水电大学的赵阳副教授发现,羟丙基甲基纤维素(HPMC)的加入可以提高氨的吸收率, 其氨保留率是不添加 HPMC 时的 1.98 倍, 这对环境保护具有重要意义[86], 而生物炭通过物理吸附、离子交换、表面官能团的静电吸引、硝化、挥发和沉淀封装等机制, 在水和砂柱试样中同样表现出显著的氨去除作用[87]。其次, 有学者认为将含铵废水或者氨进一步降解为对环境无害的氮(如厌氧氨氧化, 图 5-1)[88, 89], 不失为一种减少氨逸散的好方法。在土壤胶结领域, Mujah 等[90]认为可以将氨作为肥料反馈给周围植物, 能发挥最大的生态和经济效益。但目前 MICP 过程对氨逸散控制的手段和技术研究处于起步阶段, 未来还需要进一步研究和探索。

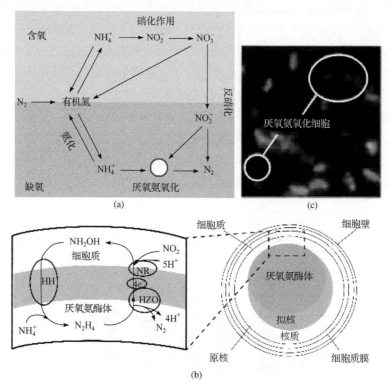

图 5-1　氮循环(a)、厌氧氨氧化机理(b)与厌氧氨氧化细胞(c)(仿自文献[91])

图 5-1(b)中 HH 为联氨水解酶; NR 为亚硝酸盐还原酶; HZO 为联氨氧化酶

3) 替代方案

改变 MICP 反应途径，可能是彻底解决氨逸散问题的方法。如第 1 章所述，目前，有 6 种已知的 MICP 途径，除尿素分解(尿素水解)外，还有异化硫酸盐还原、反硝化(硝酸盐还原)、氨基酸氨化、光合作用和甲烷氧化等途径。一方面，河海大学高玉峰教授首先提出了一种通过反硝化作用将碳酸钙沉淀到沙子中的大体积循环方法，发现基于反硝化作用的 MICP 对处理后的样品峰值排水强度和剪胀性均有改善，反硝化过程中还产生了生物膜，高转化率和沉淀底物比也表明了该方法的高效率[92]。另一方面，一些学者还尝试通过所形成的其他矿化产物的胶结作用达到固结效果。在土壤胶结领域，南洋理工大学的於孝牛教授提出利用微生物诱导鸟粪石沉淀(MISP)工艺进行生物胶结的新方法，该方法产生的主要胶结成分为鸟粪石和碱性磷酸镁，可以将氨排放量减少到原来的八分之一，用这种方法处理的沙子经过三轮处理后，可以达到 1.47 MPa 以上的无侧限抗压强度[93-95]。而在抑尘领域，作者团队探究了基于 MISP 技术的微生物抑尘剂的抑尘效果以及氨固定特征，发现其抑尘效果显著，抗风蚀性能达到了 99%，抗雨蚀性能保持在 80% 以上，且氨的固定率能达到 75.54%(图 5-2)，证实了该技术在抑尘应用中的可行性。因此，未来探究其他途径的替代方案可能是微生物抑尘剂发展的一个重要研究方向。

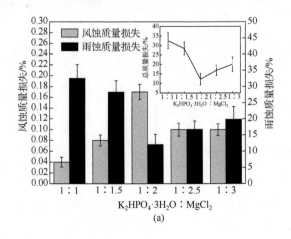

(a)

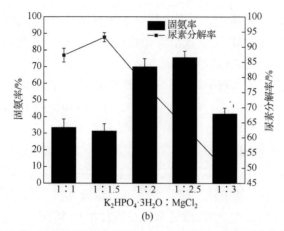

图 5-2　基于 MISP 的微生物抑尘剂抑尘效果(a)和氨固定特征(b)

5.1.2　胶结均匀性问题与对策

MICP 技术的胶结均匀性也是学界关注的共性问题。通常，评估 MICP 生产矿化产物的能力需要三个指标：化学效率、重复性和均匀性。化学效率定义为最终样品中 $CaCO_3$ 的量(以 mol/L 为单位)相对于注入的氯化钙(以 mol/L 为单位)的百分比。尽管化学效率与试样的质量没有直接关系，但在其他工作中，它通常用于评估该过程的有效性。重复性来源于化学效率，是指从相同的成分和数量开始，通过相同的过程产生类似结果的能力，通过实际胶结水平与目标胶结水平的对比图进行评估。均匀性测量了胶结剂在试样高度上的空间分布，影响胶结效果。化学效率和重复性的计算是基于样品的平均胶结水平，而均匀性的评估是基于每个剖面的胶结水平的变化。

在 MICP 过程中，$CaCO_3$ 通过 MICP 沉淀在颗粒-颗粒接触附近的微生物细胞壁上[96, 97]，其均匀性与颗粒尺寸、入渗性能等有关。$CaCO_3$ 沉淀的均匀性已被确定为 MICP 用于土壤改良所面临的主要挑战之一[98]。沉淀过程以细菌的存在为条件，细菌是提供引发尿素水解所需脲酶的源头。反过来，细菌通过多孔介质的传输可以用胶体过滤理论[99]来描述，该理论揭示了保留细菌沿流动路径的对数线性分布[100]，这种行为导致沿流动路径的 $CaCO_3$ 沉淀势必是不均匀的。针对胶结均匀性问题，众多学者从改进施用方式、添加表面活性剂等方面开展了部分研究，通过优化处理参数，如处理溶液的浓度、流动方向和流速[101]、表面活性剂的种类和配比等，可以增强碳酸钙的分布均匀性。

1) 改进施用方式

到目前为止，大多数 MICP 研究都是在饱和或含水环境条件下进行的[102-106]，其中使用蠕动泵通过恒定流速的饱和流将细菌和胶结介质注入样品中；泵送法通常会在土柱中产生不均匀的胶结剖面，通常进水处的沉淀水平较高。Li 等[107]提出了一种旋转浸泡方法，通过促进土壤中获得更多的营养供应和空气补充，以提高样品中胶结的均匀性，从而提高细菌的有效利用率。然而，在实际应用中，在处理期间保持饱和或淹没的流动条件将是一个挑战，这需要水力注入胶结/生物溶液、提取出水溶液和重型机械系统；Gowthaman 等[108]提出的简单表面渗滤技术(图 5-3)更适合现场应用，避免了对现有土壤结构的破坏，并降低了所需的劳动力成本和机械成本。如 5.1.1 小节所述，南洋理工大学的楚剑教授利用低 pH 一体化生物水泥溶液缓解了氨逸散问题，同时，该体系通过调节生物质浓度、脲酶活性和 pH 来控制生物固化过程的滞后期，可防止生物絮凝物的形成和堵塞，从而使生物水泥溶液在生物固结生效之前就能在土壤基质中充分分布，从而实现相对均匀的 MICP 处理。在第 4 章中，作者团队也在这一方面开展了相关研究，探究了不同喷洒量和喷洒频率对抑尘效率的影响。研究发现，在应用微生物抑尘剂时，单次喷洒量为 $1.25L/m^2$ 最为合适，并基于资源合理利用和成本考虑，发现喷洒 2 次时的抑尘效率最佳。但在工程应用中，目前关于施用方法改进，对缓解均匀性问题的机制尚未有明确结论，仍需进一步研究和探索。

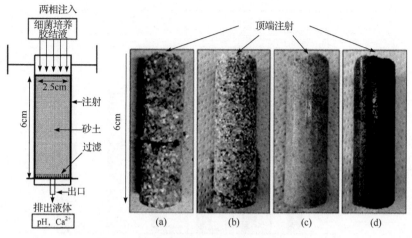

图 5-3　简单表面渗滤技术(仿自文献[108])

2) 添加表面活性剂

添加表面活性剂能够提高介质亲水性、增强溶液入渗，是解决胶结均匀性问题的重要潜在方法[109]。在抑尘领域，表面活性剂可以提高溶液的润湿性[110, 111]，并增加抑尘材料与溶液中煤尘的接触。因此，添加表面活性剂可以有效解决抑尘剂润湿性和均匀性差的问题，提高抑尘效果。研究发现，表面活性剂通过降低溶液的表面张力，提高喷水过程中的抑尘效率[110]。研究人员制备了复合表面活性剂或将表面活性剂与其他化学抑尘剂相结合，以提高煤矿粉尘的抑尘效率[112]。因此，表面活性剂与 MICP 技术相结合，可以增强微生物抑尘剂在煤尘中的渗透性、吸附性和滞留效果，促使与煤尘颗粒结合的矿化产物的生成，提高其分布的均匀性，从而增强抑尘效果，最终达到环保和高效抑尘的目的。本团队在这一方面也做了部分探究。通过在微生物抑尘剂中添加表面活性剂[0.08%椰油酰胺丙基甜菜碱(CAB)]与纯微生物抑尘剂相比，由于表面活性剂的加入增强了矿化产物的均匀性，CAB-微生物抑尘剂具有更好的防蒸发和抗风蚀性能，提高了微生物抑尘剂的抑尘效率(图 5-4)。目前，添加表面活性剂的计量浓度以及与 MICP 溶液混合施用时的效果已经明确，但其分别的贡献以及成本等因素尚未进行充分考虑。

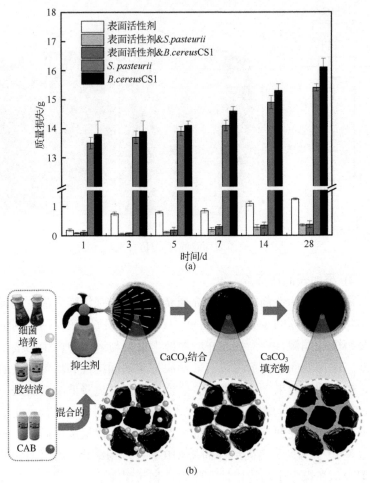

图 5-4　基于表面活性剂的微生物抑尘剂的抑尘性能(a)与机制(b)

5.2　MICP 技术的机制探究问题

　　目前，MICP 技术的机制探究更多关注的是宏观尺度。传统的宏观试验方法，如无侧限压缩试验、三轴压缩试验、弯曲单元试验和柔性壁渗透性试验，已被用于表征 MICP 处理的土壤；同时，还进行了 SEM 和 XRD 等微观结构测试，以了解 MICP 过程的基本机制。在抑尘领域，学者通过 SEM、FTIR 等仪器表征手段，从宏观尺度上证实了微生物抑尘剂的抑尘机制，主要体现在矿化产物 $CaCO_3$ 在颗粒孔隙间的填充及对粉尘的黏结作用[113, 114]。尽管这些传统的测试方法可以提供有关 MICP 处理土壤、粉尘等有用信息，但它们仍然存在局限性，如无法在孔隙尺度上可视化和量化整个 MICP 过程。MICP 处理土壤的宏观尺度特征从根本上取决于细菌活动和胶结作用在孔隙内的表现，因此需要一种新的微观尺度技术来在微观尺度上观察 MICP 的整个过程[115]。

5.2.1　微流控技术

微流控技术被广泛用于 MICP 技术机制的微观探究，其核心是各类微流控芯片。

1) 微流控装置

微流控芯片(微模型)是多孔介质的理想化二维模型，它包含一个直径数十微米的连通孔隙网络，流体通过该网络进行流动和溶质扩散[116]。微流控芯片通常由聚二甲基硅氧烷(PDMS)等聚合物材料制成，这些材料具有成本低、易于制造、柔性和光学透明等优点。使用液体注射系统(包括注射器、注射泵和管道)，可以在芯片内部执行 MICP 过程；由于微流控芯片是透明的，可以在显微镜下观察到注射细菌的运输和芯片内 $CaCO_3$ 晶体的形成。此外，它们的表面性质，如疏水性、亲水性、电荷等，可以通过不同的表面处理技术进行改变[117](图 5-5)。

2) 微流控技术的应用

这些微流控芯片已被用于研究可视化化学、生物、医学和环境工程领域的小规模物理、化学和生物过程，如 $CaCO_3$ 晶体生长[118]、脱氮驱动的生物矿化[119]、细菌迁移[120]和细菌生长[121]。同时，微流控技术的引入还可以实现细菌矿化和 $CaCO_3$ 产生的可视化，通过微流控芯片测试 $CaCO_3$ 在静止状态下的分布，进而提高沉淀的均匀性，以加深对晶体生长机制的理解，并优化 MICP 技术的最佳应用流程[117]。而在抑尘领域，MICP 微观机制研究较少。因此，如何通过 MICP 微观过程探究指导抑尘是未来亟待开展的工作。

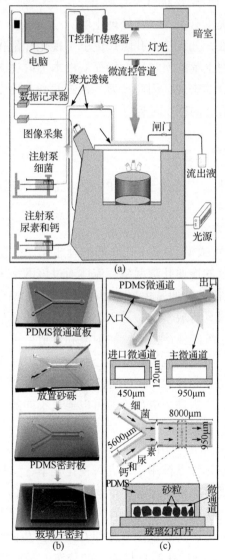

图 5-5　微流控芯片与装置图(仿自文献[117])

5.2.2　基因表征手段

与所有细菌调控系统一样，细菌脲酶基因以操纵子和基因簇的形式组织。

1) 基因调控系统

脲酶的结构亚基通常由基因 *ureA*、*ureB* 和 *ureC* 编码，它们彼此相邻，从最小到最大排列(图 5-6)[122]。然而，来自 *Helicobacter pylori* 的脲酶结构相当独特，仅由 *ureA* 和 *ureB* 基因编码的两个亚基组成[123]。除了结构亚基外，产脲酶菌还存在位于其结构亚基操纵子系统中的与镍依赖性活性位点有关的辅助基因。但在 *Bacillus subtilis* 中，其脲酶操纵子的组织结构由三个结构基因组成(*ureA*、*ureB* 和 *ureC*)，不存在辅助基因[124]。据推测，其辅助基因可能位于基因组其他地方的一个独立操纵子中。为了确定 *Bacillus subtilis* 脲酶活性辅助基因存在的必要性，Kim 等[125]在 *Escherichia coli* 中表达了 *Bacillus subtilis* 的重组脲酶并插入了 *Klebsiella aerogenes* 和 *Sporosarcina pasteurii* 的辅助脲酶基因。然而，这两个辅助基因的插入都未能增加脲酶活性，这表明 *Klebsiella aerogenes* 和 *Sporosarcina pasteurii* 的辅助蛋白与可能在 *Bacillus subtilis* 脲酶激活中发挥作用的辅助蛋白不具有同源性。迄今为止，唯一确定的 *ure* 操纵子调控基因是 *ureR*，它存在于 *Proteus mirabilis* 的操纵子中。来自该微生物的脲酶是由尿素的存在诱导的，并且已经证明 *ureR* 是与 *ureD* 的启动子结合的阳性激活剂[122]。而不同菌体的脲酶系统可能受不同因素诱导，包括 *Proteus mirabilis* 的尿素诱导、*Klebsiella aerogenes* 的氮诱导以及 *Streptococeus salivarius* 的 pH 诱导。

2) MICP 基因研究现状

目前，在 MICP 技术领域中，对于菌体的表征主要集中在光密度(OD_{600})测定、酶活性的评估以及矿化性能的分析等方面[126]，而对于基因方面的表征较少，而这对于从基因水平调控脲酶产量、碳酸钙生成，从而提高抑尘效率具有重要作用。有研究通过测定 *ureC* 基因拷贝数揭示微生物的尿素分解潜能[127]。但是，对于基因表达量未有研究进行表征，而这对于理清 MICP 的内在机制至关重要。因此，有必要对产脲酶菌的产脲酶基因表达量进行表征，建立基因表征体系，为后续 MICP 的机理解析奠定基础。

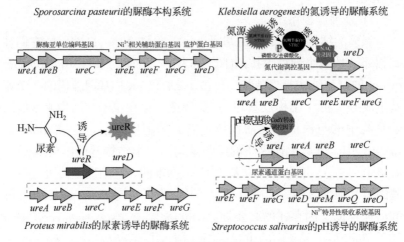

图 5-6　不同菌种的脲酶基因调控机制

5.3　MICP 技术的成本问题

　　MICP 技术的工程应用面临的另一个挑战是成本问题，主要来源于原材料与应用方式。MICP 技术成本可能因项目规模、处理的基质类型以及使用的微生物和化学添加剂类型等因素而异。此外，成本还可能受到地理位置、资源可用性、劳动力和设备因素的影响。总的来说，与其他传统的土壤稳定方法相比，MICP 技术是一种具有成本效益的方法，尤其是对于中小型项目。然而，对于大型项目，成本效益可能会有所不同，因此有必要进行更详细的成本分析。

5.3.1　原材料成本与解决措施

　　MICP 技术的原材料主要包括菌种、营养液(碳源和氮源)、胶结液(尿素和钙源)以及水。

1) 菌种筛选与富集

从菌种来看，芽孢杆菌，包括巴氏芽孢八叠球菌(*Sporosarcina pasteurii*)[128]、巨大芽孢杆菌(*Bacillus megaterium*)[129]、枯草芽孢杆菌(*Bacillus subtilis*)[130]、球形芽孢杆菌(*Bacillus sphaericus*)[131]等，被广泛用于 MICP 技术，在土壤改良、砂石固化以及混凝土修复等方面取得了显著成效。另外，在变形菌门、放线菌门和真菌界等也发现了产脲酶菌。很多学者通过原位激活、筛菌、菌群等方式，充分利用土著微生物和群落，替代购买菌种，从而降低成本。作者对从活性污泥中筛出的微生物群落做了成本分析，与单菌相比，避免了菌种的购买和灭菌操作，成本降低了 35%；利用糖蜜这一碳源作为激活剂，原位激活菌种，在降低培养基成本的同时，实现了对土著微生物的有效利用，胶结效果显著(图 5-7)。

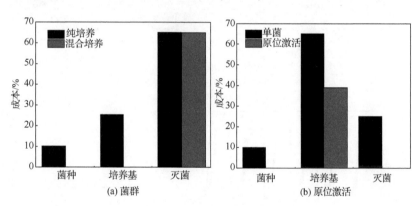

图 5-7　菌种优化降低成本

2) 培养基替代

菌体的生长离不开培养基,培养基能够提供微生物生长的碳源、氮源等营养物质，保障微生物的正常生理活动和酶的产生。目前，常用的碳源包括葡萄糖、蔗糖、酵母提取物等，氮源包括牛肉膏、蛋白胨、酵母浸粉等。为了降低成本，充分利用废弃物作为培养基是一条重要的途径。其中，蛋白质含量高的废物，特别是食品工业产生的废物，有潜力在 MICP 技术过程中用作替代营养来源。在寻找废物流的替代品时，至关重要的是要考虑成本效益、灭菌的可能性和培养基的性能等因素。啤酒厂废酵母、玉米浸泡液、托鲁拉酵母、蔬菜废弃物、乳制品废乳清、酪乳以及乳糖母液等废弃产品是可用作培养基替代品的废弃工业产物[132,133]。作者曾经利用糖蜜作为碳源来激活土著产脲酶菌，也直接或间接地将糖蜜作为培养基使用，效果显著，如图 5-8 所示，作者将经过微生物燃料电池(MFC)处理后的糖蜜用于产脲酶菌的生长，发现，其确实可以为产脲酶菌的生长提供营养元素，沉淀率可以达到 100%。

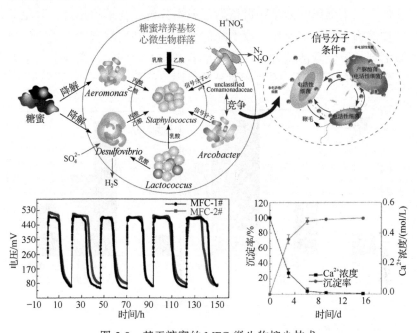

图 5-8　基于糖蜜的 MFC-微生物抑尘技术

3) 胶结液优化

近年来，学者将猪尿、牛尿和人尿等生物废物作为 MICP 技术过程中合成尿素的可行替代品，另外，现在已经有研究关注无尿素矿化过程。而钙源的来源更为广泛，选择蛋壳、牡蛎壳、扇贝壳等[134]

较为低廉的原材料能够有效降低微生物抑尘剂的成本，并取代生物胶结中的氯化钙，其重点在于确定用酸有效活化和利用富钙废物的最佳比例，同时确保高效性和适当的 pH 水平。

在 MICP 抑尘应用领域，目前的原材料成本研究还较少。作者对现阶段部分基于 MICP 技术的重要微生物抑尘剂的成本进行了核算汇总(表 5-1)，发现单纯的菌种复配在提高效率的同时，也带来了更多的成本，但相比较而言，从污水处理厂、土壤中筛选出的土著产脲酶菌(群)能够大大降低成本，因此，如何平衡成本与效率也是未来成本核算的关键。

表 5-1 重要微生物抑尘剂的成本核算汇总(菌种按 300 元/株计，溶液按 1L 计)

年份	配方	核算成本/(元/L)	抑尘效果
2019	*S. succinus* J3(OD600=0.7)，40mmol/L 钙源，6%尿素溶液[135]	301.984	抗风速范围为 3.90～45.45m/s，抗风压范围为 48.52～912.79kPa
2020	*S. pasteurii* ATCC11859 和 *B. cereus* CS1 混合，0.1mol/L 尿素-Ca^{2+}[136]	600.582	10m/s 风速下引起的煤粉质量损失小于 20g/(m^2·h)
2021	*S. pasteurii* ATCC11859 与 *B. cereus* CS1 混合，0.5mol/L 尿素-Ca^{2+}，0.08%椰油酰胺丙基甜菜碱[137]	602.963	微生物抑尘剂处理后煤堆的抑尘率为 85%～88%

5.3.2 应用成本

目前，MICP 技术的抑尘应用还处于实验室研究阶段，还未实现工程应用，但基于目前抑尘剂的应用设备，作者进行了成本的核算(表 5-2)。

表 5-2 抑尘剂的应用设备成本核算

应用设备类型	形式	特点	设备价格
固定式喷洒设备	龙门式、摆臂式、对喷式、侧喷式	操作方便，效率高，占地少，也便于综合利用的自动控制。但需要大量管材，单位面积投资高	3 万元左右
移动式喷洒设备	洒水车等	提高了设备利用率，可节省单位面积投资，但工作效率和自动化程度低	1 万元左右

　　除此之外，考虑到微生物抑尘剂的未来工程应用，MICP 技术的应用还需要解决保持微生物的活性、保持溶液均一状态等问题，因此，加热、搅拌的工具必不可少。

　　1) 保持微生物活性

　　为保持 MICP 过程中微生物的活性，需要满足微生物生长所需要的温度、营养物质等条件，因此，需要额外配备加热、加料设备，使系统保持 30℃的恒温，并提供充足的营养物质，以保障微生物的生长。

　　2) 保持溶液均一状态

　　为保持溶液状态的均一性，需要额外配备搅拌设备，使系统中的微生物、营养物质保持均匀分布，以保障微生物有效摄取营养物质。

　　通过调研发现，市面上的加热、加料和搅拌等功能可以通过一台装置实现同步(图 5-9)，价格从 4000 元到 3 万元不等，对物料进行搅拌、混配、调和、均质等，搅拌中可实现进料控制、出料控制、搅拌控制及其他控制等，也为抑尘剂带来了额外的成本。

图 5-9　市面上的加热、加料与搅拌装置

3) 日常维护费用

对于微生物抑尘剂的日常维护问题，需要考虑微生物抑尘剂的腐蚀性是否会腐蚀不同材质的设备，是否会对人员造成影响，日常维护和维修的大修理费和经常修理费等。

研究表明，与使用胶结剂的其他土壤改良技术相比，MICP 技术目前在现场实施的成本相对较高(表 5-3)。然而，由于细菌脲酶可以在使用相同胶结溶液的后续应用中重复使用，MICP 技术不仅节省了成本，还具有可持续性，这意味着从长远来看，MICP 技术提供了更为经济实惠的土壤改良方案[102]。

表 5-3 用于土壤改良的不同胶结剂的应用成本

胶结剂	屈服强度/MPa	每立方米处理成本/元	参考文献
MICP	0.5～2.5	146～439	[138]
硅酸盐水泥	0.5～3.8	—	[139]
石膏	0.2～1.8	—	
化学灌浆	—	15～526	[140]

总之，围绕不同作业场所，以环保型抑尘剂、功能型抑尘剂、高分子抑尘剂、微生物抑尘剂为典型代表的新型抑尘剂目前多处于试验与探索阶段，遵循国家绿色环保的发展理念，微生物抑尘剂具有广阔的应用与发展前景，但商业化模式还尚不成熟，对于新型抑尘剂的持续有效性、生态环保性、安全可靠性、经济适用性、工艺简易性等考核指标还需要现场和时间的进一步考证。因此，新型抑尘剂的作用机制以及相关的考核指标仍然需要大量的数据支撑与验证。

5.4 碳排放和能源消耗问题与对策

自 MICP 技术首次引入以来，其最大的支持特征之一是被归类

为"环保"。当将 MICP 技术与传统的胶结方法进行比较时，MICP
技术被证实为土壤改良提供了一种替代性的、环保的方法[141-143]；使
用 MICP 技术在废物、水和地基中形成屏障，为降低垃圾填埋场地
基和墙壁的渗透性提供了一种环保方法[144]；利用 MICP 技术实现了
废水中重金属离子的钝化，从而减少了环境污染[145]。然而，Rajasekar
等[146]指出，MICP 技术并非 100%环保，反应的副产物如氨逸散可
能对人类健康和当地微生物群有害。另外，为科学客观地评价 MICP
技术对环境的影响，应将能源消耗和碳排放作为定量分析指标。利
用生命周期评估方法对细菌培养、原材料(钙源和尿素)以及 MICP 的
反应过程等各个环节的碳排放和能源消耗进行核算(图 5-10)[147]，发现

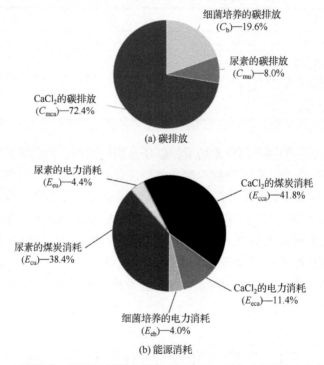

图 5-10　细菌培养、原材料(钙源和尿素)以及 MICP 反应过程等各个环节的碳排
放和能源消耗(仿自文献[147])

原材料在 MICP 碳排放和能源消耗中发挥着重要作用，占总排放量的 80.4%，其余碳排放来自细菌培养过程，占 19.6%。在能源消耗方面，MICP 的煤炭消耗(E_{cu} 和 E_{cca})占总能源消耗的 80.2%，全部来自于原材料，电力消耗(E_{eu}、E_{eca} 和 E_{eb})占 19.8%，其中原材料的电力消耗占总电力消耗的大多数(79.8%)，原材料(E_{cu}、E_{eu}、E_{cca} 和 E_{eca})的能源消耗占总能源消耗的 96.0%。特别是，钙源的碳排放量占整个 MICP 过程碳排放量的 72.4%；钙源能源消耗和尿素能源消耗分别占总能耗的 53.2%和 42.8%。因此，降低 MICP 过程中的碳排放和能源消耗的重点在于钙源和尿素。为了降低 MICP 技术的能耗和碳排放，许多学者尝试用其他材料代替 $CaCl_2$ 和尿素。

5.4.1 寻找替代钙源和尿素

针对钙源的优化，在固沙领域，学者通过将蛋壳和醋按 1∶8 的质量比混合来生产可溶性钙，并用于 MICP 固沙过程，发现使用蛋壳中的钙对 MICP 的工艺效果与氯化钙一样，并确定了 MICP 工艺蛋壳与食醋的最佳配比[148]；使用海水作为 MICP 的钙源，这种方法使沙子实现物理稳定，达到高达 300 kPa 的无侧限抗压强度，这一强度比使用高浓度钙和尿素溶液的 MICP 处理高出约两倍(产生的晶体数量相同)[149]。在尿素改进方面，有学者使用了主要含有氨和尿素的猪尿液来替代尿素，发现能明显改善石英砂柱的渗透性、孔隙率等力学性能,能源消耗率和碳排放率分别减少了 43%和 8%[150]。作者团队也在这一方面做了探究工作，提出一种在非无菌环境中富集海水中产脲酶微生物群落的新方法，利用海水中的钙源，为 MICP 技术提供了一种更环保的钙源，同时解决了单一菌种问题，为 MICP 技术在扬尘防治中的大规模工程应用提供经验支持(图 5-11)[151]。因此，使用有机钙源和尿素为 MICP 原料的高能源消耗和碳排放问题提供了可行的解决方案。然而，这方面的研究还不成熟，未来还需要更多的研究和探索。

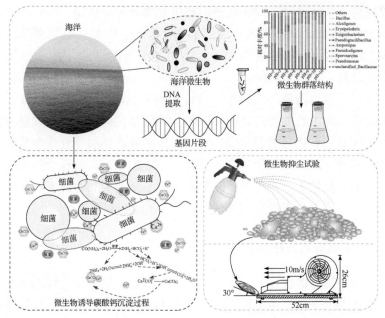

图 5-11　海水-MICP 抑尘技术(仿自文献[9], [151])

5.4.2　转变 MICP 路线

　　MICP 技术将有机碳转化为无机碳，加剧碳的释放，不利于碳排放的降低，而碳酸酐酶(carbonic anhydrase，CA)有可能突破这一瓶颈。1933 年，Meldrum 和 Roughton[151]首次在牛的红细胞中发现 CA，随后在植物、藻类和微生物(细菌和古菌)中发现了 CA 的存在。碳酸酐酶是一种含有 $Zn^{2+[152]}$ 的金属酶，如第 1 章所示，其在 CO_2 和 HCO_3^- 转化的可逆反应中起催化作用[153-155](图 5-12)。因此，利用产碳酸酐酶的菌体既能减少环境危害，又对缓解温室效应产生积极作用。然而，包括营养来源和操作条件在内的影响 MICP 的因素已经被广泛研究，但目前关于 CA 诱导 $CaCO_3$ 沉淀的机制模型还未建立，其影响因素的研究不多。

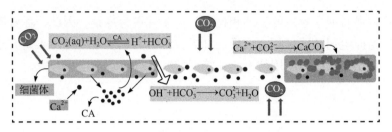

图 5-12 碳酸酐酶产生碳酸钙沉淀的机理

5.5 本 章 小 结

本章结合团队研究进展，综述了制约微生物抑尘技术工程应用的问题和方向，并提出了相应的对策和研究方案。

(1) 氨逸散和胶结均匀性问题亟待解决。尽管 MICP 技术在实验室和现场规模的生物胶结应用中取得了较好结果，但氨逸散和胶结均匀性仍是该技术工程应用的主要制约问题。通过改变胶结途径或者优化原材料等方式减少氨逸散、提高胶结作用的均匀性仍然是生物抑尘剂未来研究的一个主要方向。

(2) 微生物抑尘剂的微观机制探讨有待深入。目前微生物抑尘剂机制的探究多关注宏观固结特征的表征，在分子、基因层面的微观机制的数据缺乏。今后增加对这些基本机制的深入解析将能揭示与抑尘过程匹配的 MICP 动力学机理，促使生物技术在抑尘领域的发展。

(3) 微生物抑尘剂的成本亟须降低。基于微生物抑尘剂原材料和应用方式的优化，开发资源丰富、操作简便的抑尘剂材料并探索应用方式以降低成本是未来研究的重要方向，这对促进 MICP 技术在露天煤矿裸露场地抑尘领域的应用更具有吸引力。

(4) 其他问题。MICP 作为一种环保技术，矿化过程中的碳排放和能源消耗依然是制约其发展的重要因素。而本书也仅对部分内容进行了相应研究和综述，节能降碳是 MICP 微生物抑尘剂实地应用的努力方向，另外，天气状况、地形地质条件、人为扰动等因素对抑尘效果的影响相比实验室条件更为复杂，因此，尽管微生物抑尘剂是一种颇有前景的抑尘技术，后续仍需大量深入研究丰富其理论认识和应用技术，才能促使其从理论走向应用。

附　　录

附 1.1　材　　料

本书涉及的试验材料，如附表 1-1 所示。

附表 1-1　试验材料

试验材料		纯度	购买厂家
培养基成分	葡萄糖	分析纯	国药集团化学试剂有限公司
	蔗糖		
	糖蜜		
	氯化铵		
	酵母浸粉		
	氯化钠		
胶结液成分	尿素	分析纯	国药集团化学试剂有限公司
	硝酸钙		
	氯化钙		
	乳酸钙		
	煤尘		陕西省神木市大柳塔煤矿、山西兴
	土尘		县华润联盛关家崖煤业有限公司

附 1.2　研 究 方 法

附 1.2.1　产脲酶菌的筛选、鉴定与保存

1. 产脲酶菌的筛选

将 1.0g 煤粉样品置于 100mL 含有尿素(5mol/L)的营养液(营养

液成分如附表 1-2 所示)中混合均匀，在振荡培养器上以 30℃、150r/min 的条件富集培养 24h。随后在 4000r/min 的条件下离心20min，使浮游微生物与煤炭颗粒分离。最终将浮游微生物转移到100mL 无菌磷酸盐缓冲液(PBS，pH=7.0)中，得到富集菌液。

附表 1-2　营养液成分

组成成分	浓度/(g/L)
蛋白胨	10
葡萄糖	10
NaCl	10
KH_2PO_4	2

将 1mL 富集菌液用无菌 PBS 缓冲液稀释至合适浓度进行平板(即固体培养基)涂布，于 30℃条件下在生化培养箱中培养 48h，挑取单菌落进行多次划线纯化培养。根据产脲酶微生物能水解尿素产生氨气并引起 pH 上升以及苯酚红在碱性条件下显色的特性，涂布时使用含尿素和苯酚红的固体培养基，具体设置如下：20g/L 尿素、0.01g/L 苯酚红和 18g/L 琼脂，其余成分与附表 1-2 相同。此外，有研究发现，培养基中蛋白胨被利用时发生的假阳性反应导致氨基酸残基释放也会使 pH 升高，引起苯酚红显色。为了检验培养基颜色的变化是由尿素水解碱性增加所导致，对使苯酚红变色的菌种设置了不含有尿素的筛选培养基作为阴性对照。

2. 革兰氏染色观察

通过结晶紫初染和碘液媒染后，在细胞壁内形成了不溶于水的结晶紫与碘的复合物，乙醇脱色处理时，革兰氏阳性菌能把结晶紫与碘复合物牢牢留在细胞壁内，使其仍呈紫色；革兰氏阴性菌通过乙醇脱色后仍呈无色，再经沙黄等红色染料复染后呈红色。因此，利用此原理可以区分所筛脲酶细菌的革兰氏类别。各细菌经初染、媒染、脱色和复染处理后，在油镜下观察。

3. 产脲酶菌的鉴定

菌株的基因测序工作由生工生物工程(上海)股份有限公司完成，具体过程为将菌液在室温下以 8000r/min 的速度离心 1min，弃去上清液，收集菌体。使用 Ezup 柱式细菌基因组 DNA 抽提试剂盒 B518255 和 Ezup 柱式真菌基因组 DNA 抽提试剂盒 B518259 提取目标菌株的 DNA。使用菌种鉴定通用引物(细菌为 7F, 5′-CAGAGTTTGATCCTGGCT-3′ 和 1540R, 5′-AGGAGGTGATCCAGCCGCA-3′，真菌为 ITS1, 5′-TCCGTAGGTGAACCTGCGG-3′和 ITS4, 5′-TCCTCCGCTTATTGATATGC-3′)通过 PCR 扩增(首先 94℃预变性 4min，94℃ 35s、55℃ 45s、72℃ 1min 循环 30 次，其次 72℃修复延伸 10min，最后至 4℃终止反应)16s rDNA / ITS。随后用 1%琼脂糖凝胶电泳(150V、100mA)20min，观察 PCR 产物和 DNA 的条带，确认 DNA 提取成功，再进行测序。

在 NCBI 网站上使用 BLAST 工具搜索 GenBank 数据库中的匹配序列(基因序列的相似性不低于 99%)，随后使用 MEGA 7.0 软件以邻连法(neighbor-joining method)模型并结合自助法(bootstrap method)(重复比对 1000 次)构建系统发育树。

4. 产脲酶菌的保存

为了使细菌能够保持原有的活力和性状，对于已经活化好的菌株，本书主要采用以下两种方式对其进行保存：

(1) 传代培养保存法。将带有菌落的斜面固体培养基放置在 4℃的冰箱中，用于平时试验(固体培养基向液体培养基接种细菌)，斜面固体培养基一般保存 3 个月后需重新进行接种培养。

(2) 超低温保存法。首先将纯化后的菌株接种于 LB 液体培养基中，在恒温振荡箱中以 30℃、180r/min 培养 24h，将培养后的菌株和经灭菌处理的甘油保护剂按 1∶1 的体积比转移至 2mL 的冻存管中，每个菌种保存 3 管。将冻存管放入冻存盒中并做好标记，其次进行三级预冷冻(-20℃，20min；-40℃，30min；-60℃，30min)处理，最后将菌种长期保存于超低温冰箱(–80℃)中，一般菌种可保存10年以上。菌种复苏时，可直接从超低温冰箱中取出冻存盒(管)，放置在室温条件下解冻，然后取菌悬液涂布平板或平板划线，培养至长成单菌落。本方法适合实验室菌株的长期存放。

附 1.2.2　产脲酶微生物的生长与酶活

1. 产脲酶微生物的培养

试验中的产脲酶菌的营养液如附表 1-2 所示，培养 24h 待用，产脲酶真菌由沙氏培养基(蛋白胨 10g/L，葡萄糖 40g/L，25g/L 氯霉素 100μL)培养 72h 待用，其余非产脲酶菌在牛肉膏蛋白胨培养基(牛肉膏 3.0g/L，蛋白胨 10.0g/L，氯化钠 5.0g/L)中培养 24h 后保存。

2. 微生物生长曲线的绘制

利用分光光度计测定菌液在波长为 600nm 时的吸光度(OD_{600})来表征细菌浓度，连续监测 48h，前期时间间隔短，后期间隔略微拉长。利用称重法测定霉菌的浓度，霉菌被制成孢子悬浮液后，以相同的接种量接种到相同体积的液体培养基中，在每个取样时间点取出培养基用布氏漏斗抽滤，在烘箱中于 60℃下烘干至恒重后称重，每隔 6h 测定一次，连续监测 9h。

3. 脲酶活性的测定

为深入了解所筛微生物的产钙机理，本书将含有产脲酶菌的目标溶液分为培养上清液、含有完整细胞的纯菌液、细胞裂解后的可溶组分和不溶组分以区分胞内酶和胞外酶。获取上述四种溶液的具体手段为①取 10mL 含有微生物的培养液，高速离心(10000r/min，5min)，获得上清液为 S1，随后使用 Tris-HCl 缓冲液洗涤细胞沉淀，将洗涤液和 S1 合并获得培养上清液；②细胞沉淀 P1 被重新悬浮于等体积 Tris-HCl 缓冲体系中，得到含有完整细胞的纯菌液；③另取 30mL 含有微生物的营养液，按照上述方法获得细胞沉淀 P1，将其悬浮于 6mL 超声裂解液[20mmol/L Tris-HCl，0.1mol/L NaCl，1mmol/L 乙二胺四乙酸(EDTA)]，使用细胞超声破碎仪对细胞进行超声处理(200W，超声 3s 间歇 3s 共 15min，4℃冰浴)，随后低温高速离心(8000r/min、4℃)15min 得到上清液 S2，细胞破碎沉淀 P2 经蒸馏水洗涤后，将洗涤液和 S2 合并获得可溶组分；④细胞破碎沉淀 P2 被悬浮于 Tris-HCl 缓冲体系中以获得不溶组分。

细菌一个单位脲酶活性被定义为每分钟水解 1μmol 尿素(相当于产生 2μmol 氨气)的酶量。本书采用改进的奈斯勒(Nessler)方法，测定经过 30℃、150r/min 培养 24h 后每瓶菌液在 10min 内的氨氮生成量，换算成尿素分解量后表示脲酶活性，具体操作为取 10mL 培养 24h 后含有细菌的营养液，7000r/min 离心 5min 弃去上清液，将细胞沉淀加入至 10mL 溶液中(1.0mol/L 尿素和 100mmol/L Tris-HCl)，30℃反应 10min，7000r/min 离心 5min，取上清液，加入 200μL 无氨酒石酸钾钠和 200μL 纳氏试剂，显色 10min，于 420nm 处比色。以水作参比，利用分光光度计测定混合 10min 后溶液的 OD_{420}，OD_{420} 的数值应在 0.2~0.8，否则将对待测液进行稀释。菌液脲酶活性结果按式(1-1)计算：

$$U = \frac{CD}{TM} \qquad (1\text{-}1)$$

式中，U 为微生物的脲酶活性，μmol/(L·min)；C 为待测组分与尿素溶液混合反应后的氨氮浓度，μg/L；D 为尿素水解方程式中尿素与氨的摩尔比，取 1/2；T 为待测组分与尿素溶液混合反应的时间，取 10min；M 为尿素分子的摩尔质量，g/mol。

附 1.2.3　矿化性能表征

1. 碳酸钙含量

用酸洗法测定固结样品的碳酸钙含量，先将样品用蒸馏水冲洗干净，烘干，加入浓度为 0.1mol/L 的稀盐酸溶液，适当搅拌，直至溶液不再有气泡冒出，静置 24h 后将上清液倒掉；重复酸洗法的步骤，直至样品中的碳酸钙充分与稀盐酸反应并完全溶解，酸洗结束后使用蒸馏水把样品冲洗干净，放置于烘箱内烘干，称重，利用式(1-2)计算样品中碳酸钙的含量。

$$c=(m_3-m_4)/m_3×100\% \qquad (1-2)$$

式中，c 为碳酸钙含量，%；m_3 为酸洗前的样品质量，g；m_4 为酸洗后的样品质量，g。

2. 抗风蚀性

采用小型风洞试验台进行风试验，风速分别为 3m/s、6m/s 和 10m/s。煤尘固结样品与风向之间的角度为 30°，样品与平台之间的距离为 150mm。使用风速计(SMART AT816)对风速进行校准。每个样品测试 5min。测试前后灰尘样品的质量损失用于表示煤尘样品在不同时间的抗风蚀性。根据式(1-3)计算风蚀率。

$$\eta=(m_1-m_2)/At \qquad (1-3)$$

式中，η 为风蚀率，$g/(m^2·min)$；m_1、m_2 为风蚀前后煤尘的总质量，g；A 为样品面积，$0.00785m^2$；t 为风蚀时间，5min。

3. 抗雨蚀性

建立了人工降雨平台，研究不同天数固结煤尘的抗蚀性。在距离固结煤尘样品 2m 的地方，控制的降雨强度分别为 10mm/h、20mm/h 和 30mm/h，模拟降雨持续 5min。降雨后，将样品在 30℃ 的烘箱中干燥 48h，计算试验前后固结煤尘样品的质量损失，以表明煤尘样品在不同天数的抗雨蚀性。根据式(1-4)计算质量损失率。

$$M=(M_1-M_2)/M_1 \qquad (1-4)$$

式中，M 为质量损失率，%；M_1、M_2 为降雨侵蚀前后的样品质量，g。

4. SEM 和 EDS 分析

用 SEM 在 2kV 加速电压、4000～6000 倍放大倍数的条件下观察矿化产物的表面形态特征。于 10kV 加速电压条件下随机选取区域对矿化产物进行 EDS 分析，以确定其成分。

5. XRD 分析

用研钵研磨矿化产物至其可通过 320 目筛(粒径 ≤ 40μm)，通过 XRD 测定矿化产物在 $2\theta = 15°\sim75°$、步长为 $0.02°$ 下出现的 X 射线特征衍射峰，分析该矿化产物的晶型特征。

6. FTIR 分析

使用 Nicolet iS50 型傅里叶变换红外光谱仪(FTIR)对收集的矿化产物进行红外光谱测试，将矿化产物与 KBr 以 1：150 的比例进行混合，随后将混合物研磨成粉末再用仪器压成透明薄片，测试矿化产物在 $4000\sim400\mathrm{cm}^{-1}$ 的红外光谱。

7. 热重分析

使用 Labsys Evo 型热重分析仪(塞塔拉姆公司，法国)对细菌矿化产物进行热稳定性的分析测试，具体的实验参数设置为在升温区间 30～900℃以 10℃/min 的加热速率持续加热，选择氮气为保护性气体，气体流量调节为 50mL/min。

8. 表面张力测定

使用 JK99C 型全自动张力仪(上海中晨数字技术设备有限公司，中国)进行表面张力的测试，以此来表征表面活性剂对培养 48h 菌液润湿性的改善。测试过程重复三次，结果取平均值。

9. 接触角测定

液体在固体表面的润湿能力一般用接触角来衡量，接触角越小，溶液的润湿能力越好。先使用 YP-2 型压片机(上海力晶科学仪器有限公司，中国)将煤粉压制成片状，压力保持在 30MPa，保持 2min，然后使用 DSA30 型光学接触角测量仪(克吕士科学仪器有限公司，德国)进行接触角试验，多次测量取平均值。

10. 沉降试验

为了验证复配菌-表面活性剂抑尘剂溶液对不同煤尘的润湿能力，根据《矿用降尘剂性能测定方法》(MT/T 506—1996)标准，试验采用自然沉降法，利用自行搭建的试验平台进行了煤尘沉降试验。该系统包括铁支架、金属环、玻璃漏斗、快速定性滤纸、称量瓶和定位环(附图 1-1)。先将 1g 煤样通过玻璃漏斗，直接进入由金属环支撑的快速定性滤纸表面，在快速定性滤纸上粉末堆积成锥形。然后，通过移动定位环和旋转钩臂，使承载快速定性滤纸和煤样的金属环逐渐向下移动。在快速定性滤纸接触溶液的瞬间，快速定性滤纸迅速吸收溶液并从煤样中分离出来。测定了从快速定性滤纸接触溶液到整个煤样浸入溶液的时间。每个试验样品测量三次(每次测量值与平均值的偏差应≤7%，否则需重新测定)。

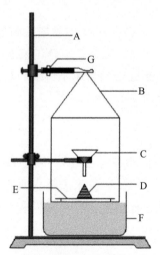

附图 1-1　用于测定煤尘沉降时间的试验系统

A 为铁支架；B 为金属环；C 为玻璃漏斗；D 为煤样；E 为快速定性滤纸；F 为称量瓶；
G 为定位环

附 1.2.4　微生物抑尘剂在粉尘中的入渗

1. 入渗特征分析

1) 煤尘中微生物抑尘剂的渗流速率

微生物抑尘剂采用两相法进行喷洒。先喷洒菌液，待菌液入渗结束，再喷洒胶结液。喷洒菌液和胶结液均在 15s 内喷洒完，并分别记录喷洒菌液和胶结液后的入渗特征(下渗液位高度和入渗深度)。记录时间为 30s、60s、90s、120s、3min、4min、5min、6min、7min、8min、9min、10min，后续每隔 2min 读数直至全部溶液入渗完全，上层没有积液，视为入渗或渗流结束，记录停止时间。

将入渗前 3min 的入渗率的平均值定义为初始入渗率，单位时间内入渗量趋于稳定时的入渗率定义为稳定入渗率，达到稳渗时的累积入渗量与达到稳渗所用时间的比值定义为平均入渗率。入渗率通过式(1-5)计算得到。

$$f(t) = \frac{\Delta V}{S\Delta t(0.7 + 0.03\theta)} \qquad (1\text{-}5)$$

式中，$f(t)$ 为入渗率，mm/min；ΔV 为某一段时间内下渗减少的液体量，cm^3；S 为柱状样品横截面积，cm^2；Δt 为时间段，min；θ 为试验过程中液体平均温度，27℃。

2) 入渗深度

由于两相喷洒的限制性，胶结液在喷洒后的入渗湿润峰不便于观察，只监测了菌液在不同时间段入渗湿润锋的深度变化。利用直尺(1mm)测量入渗深度。

3) 含水率

待两相溶液入渗结束后，将样品从上到下分为 0～2cm(上)、2～4cm(中)、4～6cm(下)三层分别取样，采用烘干法测定渗流结束后的煤尘样品含水率，烘干温度为 105℃。

2. 入渗过程模型拟合

入渗率对菌液、胶结液的迁移具有制约性，而两者的迁移变化

影响 $CaCO_3$ 在粉尘中的沉积，进而影响其空间分布的均匀性和粉尘的固结强度。为进一步探究不同微生物抑尘剂用量中菌液及胶结液在煤尘的入渗率、累计入渗量与时间的变化关系。采用 PM、KM 和 HM 分别拟合入渗率和累计入渗量，以模拟入渗过程及累积入渗曲线，并评估模型的适用性及描述入渗率在煤尘中的变化规律。

　　为研究溶液入渗过程随时间变化，研究人员建立了许多入渗模型，如 Kostiakov 模型和一般经验模型。本研究利用这些模型模拟了不同用量的菌液、胶结液在煤尘中的入渗特征。通过模型参数的变化，明确在不同喷洒量下入渗率演变。其中，PM 由 Philip 在 1957 年开发，用于求解非线性偏微分理查兹(Richards)方程的无穷级数解，该方程描述了多孔介质中的瞬态流体流动，适用于均质样品的一维垂直入渗。对于累积渗透，该模型以时间平方根的幂表示，如下：

$$f(t) = 0.5St^{-0.5} + f_c \tag{1-6}$$

$$I = St^{0.5} + At \tag{1-7}$$

式中，I 为累计入渗量，mm；A 为试验拟合的饱和导水系数的模型参数；f_c 为稳定入渗率，mm/min；S 为吸渗率，$mm/min^{0.5}$，S 越大，表明溶液在样品中的前期入渗能力越强。

　　而 KM 为简单经验模型，适用于均质样品且在入渗的瞬变阶段具有良好的拟合效果。本试验过程符合该模型拟合的入渗条件。KM 给出的渗透方程的一般形式如下：

$$f(t) = at^{-b} \tag{1-8}$$

$$I = \alpha_1 t^{\beta_2} \tag{1-9}$$

式中，$f(t)$ 为入渗率，mm/min；t 为时间，min；α_1、β_2 为使用观察到的渗透数据进行计算的常数；a、b 为通过试验拟合得到的模型参数，a 值大小决定了初始入渗率的高低，b 为入渗率的衰减程度。

　　HM 是由 Horton 于 1941 年开发，适用于降雨强度超过入渗强度的情况，表征了后期入渗率的递减特征。其假设随着降雨继续，渗透能力的减少服从耗尽过程的逆指数规律，目前该模型在土壤中的研究较多。而煤尘堆积体与土壤相似，均属于多孔介质结构，且符合菌液和胶结液的喷洒强度高于入渗强度这一条件。其渗透方程为

$$f(t)=f_c+(f_0-f_c)e^{-kt} \tag{1-10}$$

$$I=ct+m(1-e^{-at}) \tag{1-11}$$

式中，f_c 为稳定入渗率；f_0 为入渗速率的初始状态值；c、m 和 a 为模型参数；k 为入渗衰减因子，k 值越小，入渗率衰减的速度越小。

附 1.2.5　微生物抑尘剂在粉尘（煤尘）上的吸附

1. 吸附试验

将一定量的煤尘加入锥形瓶中，置于高压蒸气灭菌锅中 121℃ 下灭菌 20min。配制一定细胞浓度的菌悬液，加入 0.08% 的 CAB 表面活性剂，倒入灭菌后的含煤尘锥形瓶中，搅拌均匀后将锥形瓶放在 30℃ 和 150r/min 条件下在摇床内振荡，使其均匀吸附。吸附完成后，取出锥形瓶静置至液面稳定后，小心将上清液吸出，放入高速离心机中以 2000r/min 离心 10min。取出离心管，从液面下 1cm 处取样，用酶标仪测量菌液在 600nm 波长下的 OD_{600} 值，在预先绘制的标准曲线上查出对应的细胞浓度。同时，每组试验中均采用未加煤样的相同浓度菌悬液作为对照组。

当煤尘浓度和菌悬液浓度为变量时，吸附率无法表征两者之间的交互关系，因此，利用吸附量来表征单位质量原煤表面吸附微生物菌体细胞的数量，吸附量计算公式如下：

$$\Gamma=\frac{C_2-C_1}{R} \tag{1-12}$$

式中，Γ 为吸附量；C_2 为不加煤样后离心上清液中细胞浓度；C_1 为吸附后悬浮液的细胞浓度；R 为矿浆浓度。

在盛有 100mL 菌液的锥形瓶中加入粒径为 40～80 目、80～120 目、120～200 目的煤尘，每个粒径分别加入 0.2g、0.4g、0.6g、0.8g、1.0g、1.2g 和 1.4g。在 30℃和 150r/min 条件下在摇床内进行吸附试验。每个吸附试验组设置 3 个平行。吸附 24h 后测定 OD_{600} 值，用式(1-12)计算不同粒径下煤尘对微生物的吸附量。

2. 吸附等温试验

锥形瓶中分别加入 10mL、20mL、30mL、40mL、50mL、60mL、70mL、80mL、90mL、100mL 菌液，用 0.9%的 NaCl 缓冲液稀释至 100mL，分别在每个锥形瓶中加入 0.8g 煤尘，进行吸附试验。分别对粒径为 40～80 目、80～120 目、120～200 目的煤尘进行等温吸附试验，每个吸附试验设置 3 个平行。测定 OD_{600} 值，计算吸附量，并绘制吸附等温线。利用 Langmuir、Freundlich、Langmuir-Freundlich 和 Temkin 方程对试验数据进行拟合，模拟吸附等温线。

Langmuir 等温吸附模型从动力学观点出发，提出了固体表面吸附理论，认为吸附是单分子层排列的，且吸附层是由溶质和溶剂分子组成的理想溶液，分子面积相同，吸附质分子间无作用力，只对固体表面的吸附有作用，此时的吸附过程可以类比为气体间的物理吸附，吸附平衡时符合 Langmuir 吸附等温式：

$$q_e = q_{max} \frac{BC_e}{1 + BC_e} \tag{1-13}$$

式中，q_e 为吸附平衡时的吸附量；C_e 为吸附平衡时的菌液浓度；q_{max} 为最大吸附量；B 为与吸附热相关的结合常数。

Freundlich 等温吸附模型主要用来描述吸附质在多相表面上的吸附，考虑了吸附自由能随吸附分数的变化，表面不均匀或吸附质分子间相互作用后的界面吸附行为，可用 Freundlich 吸附等温式来计算：

$$q_e = K_f \cdot C_e^{1/n} \tag{1-14}$$

式中，q_e 为吸附平衡时的吸附量；C_e 为吸附平衡时的菌液浓度；K_f

为与吸附量有关的 Freundlich 常数；n 为与吸附强度有关的 Freundlich 常数，与试验的可行性相关，$n > 1$ 为吸附可行，$0 < n < 1$ 为吸附不能进行，n 值越大表明吸附剂表面越不均匀。

Langmuir-Freundlich 吸附模型简称 L-F 模型，该模型考虑了吸附分子之间的相互作用，可以简化为单层吸附模型，但是不符合亨利(Henry)定律。在较低浓度时，可以简化为 Freundlich 吸附模型，当 $\beta=1$ 时，可以简化为 Langmuir 吸附模型，适用于表面均匀等情况。其方程为

$$q_e = q_{max} \frac{C_e^{\beta}}{K + C_e^{\beta}} \tag{1-15}$$

式中，q_e 为吸附平衡时的吸附量；C_e 为吸附平衡时的菌液浓度；q_{max} 为最大吸附量；K 为饱和常数；β 为协同结合常数。

Temkin 方程是一个经验方程，方程假设固体表面吸附热均匀分布，吸附热随覆盖率的增加呈线性降低的趋势，吸附特性是均匀分配结合能，直至吸附达到最大吸附结合能。Temkin 方程是假定吸附热线性降低，适用于表面不均匀吸附。

$$q_e = A + B\ln C_e \tag{1-16}$$

式中，q_e 为吸附平衡时的吸附量；C_e 为吸附平衡时的菌液浓度；A、B 为常数。

3. 吸附机制

利用分子动力学模拟软件 Materials Studio 8.0，从微观角度模拟细菌对煤尘润湿性的改善效果。烟煤分子的物理化学结构复杂，因此作者采用了被广泛使用的怀泽(Wiser)烟煤分子模型来进行模拟，Wiser 烟煤分子模型如附图 1-2(a)所示。另外，微生物成分复杂，微生物表面是由磷脂双分子层构成的细胞膜，因此采用磷脂双分子层来模拟细菌细胞膜分子模型，如附图 1-2(b)所示。

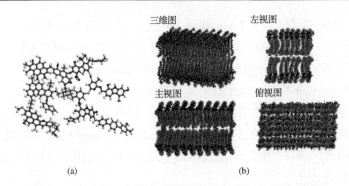

附图 1-2　(a)Wiser 烟煤分子模型和(b)细菌细胞膜分子模型

所有分子动力学模拟均是在 Forcite 模块下完成的，动力学参数设定为 Compass II 力场、NPT(恒温和恒压)、温度 298 K，范德瓦尔斯相互作用和静电相互作用均采用 atom based 方法，温度和压力分别由安德森恒温器和贝伦德森恒压器控制，进行 200ps、模拟 20 万步且时间步长为 1fs 的动力学模拟。对于每个周期系统，动态模拟过程重复 3 次以确保模拟的可重复性。

附 1.2.6　工业 CT 测试

德国蔡司 Xredia 520 Versa X 射线显微镜(XRM)是一种亚微米分辨率扫描仪，具有广泛的成像能力。该系统使用几何放大和光学放大结合的透镜，配备了 0.5×、4×、10×和 20×放大镜对感兴趣区域进行扫描，能够实现 0.7μm 的空间分辨率。本次计算机断层成像 CT 扫描试验的对象为三种不同微生物抑尘剂诱导固结的煤尘样品，试样尺寸一致为直径 3cm×高 2cm 的圆柱形试样。每个试样收集了 1800 次 X 投射射线，这些图像被收集起来用于三维重建。

在 CT 扫描之后，二维图像只能用于初步分析样品每个截面的孔隙。有必要使用 3D 重建软件 Avizo 进行图像的定量 3D 可视化。重建后，3D 图像的灰度级表示与扫描样品中每个相密度成比例。为了计算微观结构量，灰度级的 3D 图像必须处理分离三相(孔隙、煤尘和碳酸钙)。在这种情况下，使用分水岭算法进行分离。分水岭算法具有快速、简单、直观等优点。更重要的是，即使图像对比度较差，它也能在分割区域内对图像进行完整的分割，因此不需要进行轮廓拼接等后续工作。此外，处理图像大小为(3250×3250×2000 像素)，即(2.11mm×2.11mm×1.3mm)，以获得能够精确代表样品的 3D 图像。通过图像中相应像素的灰度值可以表示物质密度，灰度值越低，表明物质的密度越低，相反灰度值越高，代表物质密度越高。本书所用煤样经工业分析后明确为褐煤，其密度一般为 $1.15\sim$ $1.50g/cm^3$，碳酸钙密度一般为 $2.93g/cm^3$。此情况下，通过简单的阈值处理即可分离三相。而有时微生物诱导的碳酸钙会因附着生物质而导致密度与煤相似，此时可以通过对称性(煤和碳酸钙之间)来定义第二阈值进行分离。此方法得到的处理后的样品图像可以通过不同颜色区分三个相，进而获取微观结构(孔隙和碳酸钙)的基础参数。

1. 微观沉积特性参数的定量计算

从分割后的三维图像中提取三维体积，计算微观结构特性参数。这些数据必须足够多以代表固结样品。采用代表性单元体积进行处理，并在生物胶结样品的三维图像上计算了以下微观结构特性。

(1) 孔隙率(ϕ)和碳酸钙的体积分数(C_r)：$\phi = V_p/V$，$C_r = V_c/V$，其中 V_p 和 V_c 分别为孔隙体积和碳酸钙体积，V 为所考虑的体积。体积则是通过简单计算 3D 图像中每个相的像素来得到的。

(2) 孔径(l)：通过最大似球法利用球体直径公式计算孔隙等效直径并对孔隙直径数量进行统计计算，$l=2(3V_p/4\pi)^{1/2}$，V_p 为孔隙体积。

(3) TSSA 和 SSA_c 使用体视学方法[13]计算比表面积的数值。该方法基于在 3D 图像三个方向上计算的每单位长度的平均界面点数。

TSSA 定义为 $TSSA=(S_g + S_c)/V$，其中 S_g 和 S_c 分别是颗粒和碳酸钙与孔隙接触的表面积，$V = L^3$ 是所考虑的体积。

SSA_c 定义为 $SSA_c = S_c/V$。碳酸钙比表面积表征了碳酸钙与孔隙接触的表面。该区域在生物固结的耐久性方面发挥重要作用。

2. 孔隙形状

形状因子是表征三维空间几何体几何形状的重要参数。使用

Avizo 软件的 Label Analysis 模块来分析孔隙的形状因子。形状因子的计算基于理想球体模型。计算公式为 $Sh_{3D}= A_{3D}^3/36\pi V_{3D}^2$，式中，$Sh_{3D}$ 为三维形状因子；V_{3D} 为三维孔隙体积，μm^3；A_{3D} 为三维孔隙表面积，μm^2。孔隙空间形状可根据形状因子参数分为四类：树杈状孔隙($7.01 < Sh_{3D}$)、长柱状孔隙($2.0 < Sh_{3D} \leqslant 7.01$)、椭球状孔隙($1 < Sh_{3D} \leqslant 2$)和球状孔隙($Sh_{3D} \leqslant 1$)。

3. 碳酸钙颗粒空间生长取向

晶体生长取向是表征碳酸钙晶体内部生长状态的重要参数，其是指晶体沿法线向外部各方向平移的距离。一般来讲，晶体的生长是各向异速的，不同结晶形态的生长取向也会有所差异。本书中通过使用 X 射线计算机断层成像(X-CT)技术，实现了不同样品中碳酸钙晶体单个键合颗粒的分离和分析，进而探索了煤尘中碳酸钙颗粒的生长取向。根据获取的碳酸钙参数，对几何和空间特性进行解释与评估。进一步阐明煤尘中未被探索的碳酸钙颗粒的内部状态。

4. 碳酸钙沉淀率与空间变异性

为评估柱状样品中碳酸钙的沉淀率和空间分布，将每个固结煤尘柱沿着垂直方向分成三个相等的切片。以酸洗法测量每个切片中的碳酸钙含量[7]。酸洗后用蒸馏水洗涤酸处理样品数次，并在彻底干燥后称重。碳酸钙含量为酸洗前后样品的干重之差。将沉淀率(实际碳酸钙产量与理论碳酸钙最大产量的比值)作为量化钙源转化率的指标。随后，考虑碳酸钙含量的垂直变异系数，对碳酸钙的空间变异性进行定量评估。计算公式为 $C_v=\sigma/\mu$，其中 C_v 为碳酸钙垂直分布的变异系数，为均方差；μ 为碳酸钙含量的平均值。其中碳酸钙含量的平均值和均方差的计算公式分别为 $\mu = \left(\sum_{i=1}^{2} C_i\right)/3$；$\sigma = \left[\sum_{i=1}^{3}(C_i - \mu)^2\right]/3$，其中 C_i 为切片 i 中碳酸钙含量。

参 考 文 献

[1] 方树林. 中国煤矿灾害防治技术的研究现状与发展趋势[J]. 洁净煤技术, 2012, 18(1): 5.

[2] 程卫民, 周刚, 陈连军, 等. 我国煤矿粉尘防治理论与技术 200 年研究进展及展望 [J]. 煤炭科学技术, 2020, 48(2): 20.

[3] 朱海燕, 王文婷. 化学抑尘剂的研究现状分析[J]. 化工管理, 2015(17): 215.

[4] Liu S, Dong B, Yu J, et al. Effect of different mineralization modes on strengthening calcareous sand under simulated seawater conditions [J]. Sustainability, 2021, 13(15): 8265.

[5] Rohmah E, Astuti Febria F, Hon Tjong D. Isolation, screening and characterization of ureolytic bacteria from cave ornament [J]. Pakistan Journal of Biological Sciences, 2021, 24(9): 939-943.

[6] Song C Y, Zhao Y N, Cheng W M, et al. Preparation of microbial dust suppressant and its application in coal dust suppression [J]. Advanced Powder Technology, 2021, 32(12): 4509-4521.

[7] Mar N S, Cabestrero O, Demergasso C, et al. An indigenous bacterium with enhanced performance of microbially-induced Ca-carbonate biomineralization under extreme alkaline conditions for concrete and soil-improvement industries [J]. Acta Biomaterialia, 2021, 120: 304-317.

[8] Fan Y J, Hu X M, Zhao Y Y, et al. Urease producing microorganisms for coal dust suppression isolated from coal: Characterization and comparative study [J]. Advanced Powder Technology, 2020, 31(9): 4095-4106.

[9] Hu X M, Liu J D, Feng Y, et al. Application of urease-producing microbial community in seawater to dust suppression in desert [J]. Environmental Research, 2022, 219: 115121.

[10] Dhami N K, Reddy M S, Mukherjee A. Biomineralization of calcium carbonate polymorphs by the bacterial strains isolated from calcareous sites [J]. Journal of Microbiology and Biotechnology, 2013, 23(5): 707-714.

[11] Mekonnen E, Kebede A, Nigussie A, et al. Isolation and characterization of urease-producing soil bacteria [J]. International Journal of Microbiology, 2021(6): 1-11.

[12] Gowthaman S, Mitsuyama S, Komatsu M, et al. Microbial induced slope surface stabilization using industrial-grade chemicals: A preliminary laboratory study [J]. International Journal of GEOMATE, 2019, 17(60): 110-116.

[13] Liu X J, Fan J Y, Yu J, et al. Solidification of loess using microbial induced carbonate precipitation [J]. Journal of Mountain Science, 2021, 18(1): 265-274.

[14] Whitaker J M, Vanapalli S, Fortin D. Improving the strength of sandy soils via ureolytic CaCO$_3$ solidification by *Sporosarcina ureae* [J]. Biogeosciences, 2018, 15(14): 4367-4380.

[15] Jain S, Arnepalli D N. Biochemically induced carbonate precipitation in aerobic and anaerobic environments by *Sporosarcina pasteurii* [J]. Geomicrobiology Journal, 2019, 36(5): 443-451.

[16] Liu S Y, Yu J, Peng X Q, et al. Preliminary study on repairing tabia cracks by using microbially induced carbonate precipitation [J]. Construction and Building Materials, 2020, 248: 118611.

[17] Liu S Y, Wang R K, Yu J, et al. Effectiveness of the anti-erosion of an MICP coating on the surfaces of ancient clay roof tiles [J]. Construction and Building Materials, 2020, 243: 118202.

[18] Zhang Y, Guo H X, Cheng X H. Influences of calcium sources on microbially induced carbonate precipitation in porous media [J]. Materials Research Innovations, 2014, 18: 79-84.

[19] Xu G B, Tang Y, Lian J J, et al. Mineralization process of biocemented sand and impact of bacteria and calcium ions concentrations on crystal morphology [J]. Advances in Materials Science and Engineering, 2017(19): 1-13.

[20] Murugan R, Suraishkumar G K, Mukherjee A, et al. Insights into the influence of cell concentration in design and development of microbially induced calcium carbonate precipitation (MICP) process [J]. PLos One, 2021, 16(7): e0254536.

[21] Cheng L, Cord-Ruwisch R. Selective enrichment and production of highly urease active bacteria by non-sterile (open) chemostat culture [J]. Journal of Industrial Microbiology & Biotechnology, 2013, 40(10): 1095-1104.

[22] Su F, Wang Y J, Liu Y Q, et al. Factors affecting soil treatment with the microbially induced carbonate precipitation technique and its optimization [J]. Journal of Microbiological Methods, 2023, 211: 106771.

[23] Peng J, Liu Z. Influence of temperature on microbially induced calcium carbonate precipitation for soil treatment [J]. PLoS One, 2019, 14(6): e0218396.

[24] Liu J, Li X A, Liu X H, et al. Mechanical properties of eolian sand solidified by microbially induced calcium carbonate precipitation (MICP) [J]. Geomicrobiology Journal, 2023, 40(7): 688-698.

[25] Ferris F G, Phoenix V, Fujita Y, et al. Kinetics of calcite precipitation induced by ureolytic bacteria at 10 to 20℃ in artificial groundwater [J]. Geochimica et

Cosmochimica Acta, 2004, 68(8): 1701-1710.

[26] Whiffin V S. Microbial CaCO₃ precipitation for the production of biocement [D]. Perth: Murdoch University, 2004.

[27] Wang Y Z, Wang Y, Soga K, et al. Microscale investigations of temperature-dependent microbially induced carbonate precipitation (MICP) in the temperature range 4-50℃ [J]. Acta Geotechnica, 2023, 18(4): 2239-2261.

[28] Hu J, Yang Y F, Zhou Y X, et al. Experimental study of MICP-solidified calcareous sand based on ambient temperature variation in the south china sea [J]. Sustainability, 2023, 15(10): 8245.

[29] Rodriguez-Navarro C, Rodriguez-Gallego M, Ben Chekroun K, et al. Conservation of ornamental stone by *Myxococcus xanthus*-induced carbonate biomineralization [J]. Applied and Environmental Microbiology, 2003, 69(4): 2182-2193.

[30] Xiao Y, Wang Y, Wang S, et al. Homogeneity and mechanical behaviors of sands improved by a temperature-controlled one-phase MICP method [J]. Acta Geotechnica, 2021, 16(5): 1417-1427.

[31] Lee Y S, Kim H J, Park W. Non-ureolytic calcium carbonate precipitation by *Lysinibacillus* sp. YS11 isolated from the rhizosphere of *Miscanthus sacchariflorus* [J]. Journal of Microbiology, 2017, 55(6): 440-447.

[32] Wang J, Jonkers H M, Boon N, et al. *Bacillus sphaericus* LMG 22257 is physiologically suitable for self-healing concrete [J]. Applied Microbiology and Biotechnology, 2017, 101(12): 5101-5114.

[33] Wu M Y, Hu X M, Zhang Q, et al. Growth environment optimization for inducing bacterial mineralization and its application in concrete healing [J]. Construction and Building Materials, 2019, 209: 631-643.

[34] Seifan M, Samani A K, Berenjian A. New insights into the role of pH and aeration in the bacterial production of calcium carbonate (CaCO₃) [J]. Applied Microbiology and Biotechnology, 2017, 101: 3131-3142.

[35] Zhang J H, Shi X Z, Chen X, et al. Microbial-induced carbonate precipitation: A review on influencing factors and applications [J]. Advances in Civil Engineering, 2021, 2021: 9974027.

[36] Liu K W, OuYang J Z, Sun D S, et al. Enhancement mechanism of different recycled fine aggregates by microbial induced carbonate precipitation [J]. Journal of Cleaner Production, 2022, 379: 134783.

[37] 成亮, 钱春香, 王瑞兴, 等. 碳酸岩矿化菌诱导碳酸钙晶体形成机理研究 [J]. 化学学报, 2007(19): 2133-2138.

[38] Lai H J, Cui M J, Chu J. Effect of pH on soil improvement using one-phase-low-pH MICP or EICP biocementation method [J]. Acta Geotechnica, 2023, 18(6): 3259-3272.

[39] Cheng L, Shahin M A, Chu J. Soil bio-cementation using a new one-phase low-pH injection method [J]. Acta Geotechnica, 2019, 14(3): 615-626.

[40] Lai Y M, Yu J, Liu S Y, et al. Experimental study to improve the mechanical properties of iron tailings sand by using MICP at low pH [J]. Construction and Building Materials, 2021, 273: 121719.

[41] Pan L, Li Q, Zhou Y, et al. Effects of different calcium sources on the mineralization and sand curing of $CaCO_3$ by carbonic anhydrase-producing bacteria [J]. RSC Advances, 2019, 9: 40827.

[42] Zheng T, Qian C, Su Y. Influences of different calcium sources on the early age cracks of self-healing cementitious mortar [J]. Biochemical Engineering Journal, 2020, 166(4): 107849.

[43] Zhang Y, Guo H X, Cheng X H. Role of calcium sources in the strength and microstructure of microbial mortar [J]. Construction and Building Materials, 2015, 77: 160-167.

[44] Abo-El-Enein S A, Ali A H, Talkhan F N, et al. Utilization of microbial induced calcite precipitation for sand consolidation and mortar crack remediation [J]. HBRC Journal, 2012, 8(3): 185-192.

[45] Peng J, Cao T C, He J, et al. Improvement of coral sand with MICP using various calcium sources in sea water environment [J]. Frontiers in Physics, 2022, 10: 825409.

[46] Yi H, Zheng T, Jia Z, et al. Study on the influencing factors and mechanism of calcium carbonate precipitation induced by urease bacteria [J]. Journal of Crystal Growth, 2021, 564: 126113.

[47] van Paassen L A. Biogrout, ground improvement by microbial induced carbonate precipitation [D]. Delft: Delft University of Technology, 2009.

[48] Okwadha G D O, Li J. Optimum conditions for microbial carbonate precipitation [J]. Chemosphere, 2010, 81(9): 1143-1148.

[49] Khan M N H, Amarakoon G, Shimazaki S, et al. Coral sand solidification test based on microbially induced carbonate precipitation using ureolytic bacteria [J]. Materials Transactions, 2015, 56(10): 115-122.

[50] Lo C Y, Hamed K T, Hua M, et al. Durable and ductile double-network material for dust control [J]. Geoderma, 2019, 361: 114090.

[51] Lu J, Jia G H, Chen J A, et al. Sugar-coated expanded perlite as a bacterial

carrier for crack-healing concrete applications [J]. Construction and Building Materials, 2020, 232: 117222.

[52] Li M, Cheng X, Guo H. Heavy metal removal by biomineralization of urease producing bacteria isolated from soil [J]. International Biodeterioration & Biodegradation, 2013, 76: 81-85.

[53] Dejong J T, Fritzges M B, Nüesslein K. Microbially induced cementation to control sand response to undrained shear [J]. Journal of Geotechnical and Geoenvironmental Engineering, 2006, 132(11): 1381-1392.

[54] Jiang N J, Soga K, Kuo M, et al. Microbially induced carbonate precipitation for seepage-induced internal erosion control in sand-clay mixtures [J]. Journal of Geotechnical and Geoenvironmental Engineering, 2017, 143(3): 04016100.

[55] Zheng X G, Huang W, Tan Z J, et al. Experimental study on strengthening root-soil composite with different root contents by using MICP [J]. Advances in Civil Engineering, 2022(1): 1-8.

[56] Li Y L, Xu Q, Li Y J, et al. Application of microbial-induced calcium carbonate precipitation in wave erosion protection of the sandy slope: An experimental study [J]. Sustainability, 2022, 14(20): 12965.

[57] Shahin M A, Jamieson K, Cheng L. Microbial-induced carbonate precipitation for coastal erosion mitigation of sandy slopes [J]. Geotechnique Letters, 2020, 10(2): 211-215.

[58] 肖瑶, 邓华锋, 李建林, 等. 海水环境下巴氏芽孢杆菌驯化及钙质砂固化效果研究[J]. 岩土力学, 2022, 43(2): 395-404.

[59] 董博文, 刘士雨, 俞缙, 等. 基于微生物诱导碳酸钙沉淀的天然海水加固钙质砂效果评价 [J]. 岩土力学, 2021, 42(4): 1104-1114.

[60] Montoya B M, Dejong J T. Stress-strain behavior of sands cemented by microbially induced calcite precipitation [J]. Journal of Geotechnical and Geoenvironmental Engineering, 2015, 141(6): 04015019.

[61] Nasser A A, Sorour N M, Saafan M A, et al. Microbially-Induced-Calcite-Precipitation (MICP): A biotechnological approach to enhance the durability of concrete using *Bacillus pasteurii* and *Bacillus sphaericus* [J]. Heliyon, 2022, 8(7): e09879.

[62] Sun X H, Miao L C. Application of bio-remediation with *Bacillus megaterium* for crack repair at low temperature [J]. Journal of Advanced Concrete Technology, 2020, 18(5): 307-319.

[63] Ryparov P, Proek Z, Schreiberov H, et al. The role of bacterially induced calcite precipitation in self-healing of cement paste [J]. Journal of Building

Engineering, 2021, 39(1): 102299.

[64] Jonkers H, Schlangen E, Walraven J, et al. Development of a bacteria-based self healing concrete [J]. Tailor Made Concrete Structures, 2008, 1: 425-430.

[65] Wiktor V, Jonkers H M. Quantification of crack-healing in novel bacteria-based self-healing concrete [J]. Cement and Concrete Composites, 2011, 33(7): 763-770.

[66] Bang S S, Galinat J K, Ramakrishnan V. Calcite precipitation induced by polyurethane-immobilized *Bacillus pasteurii* [J]. Enzyme and Microbial Technology, 2001, 28(4-5): 404-409.

[67] Wang J Y, van Tittelboom K, de Belie N, et al. Use of silica gel or polyurethane immobilized bacteria for self-healing concrete [J]. Construction and Building Materials, 2012, 26(1): 532-540.

[68] Wu M Y, Hu X M, Zhang Q, et al. Self-healing performance of concrete for underground space [J]. Materials and Structures, 2022, 55(4): 122.

[69] 常道琴, 宋乃平, 岳健敏, 等. 微生物诱导碳酸钙沉淀对干旱半干旱区铜尾矿污染治理效果 [J]. 水土保持学报, 2022, 36(4): 365-374.

[70] Kang B, Zha F, Li H, et al. Bio-mediated method for immobilizing copper tailings sand contaminated with multiple heavy metals [J]. Crystals, 2022, 12(4): 522.

[71] Zeng Y, Chen Z Z, Lyu Q Y, et al. Mechanism of microbiologically induced calcite precipitation for cadmium mineralization [J]. Science of the Total Environment, 2022, 852: 158465.

[72] Achal V, Pan X L, Zhang D Y. Remediation of copper-contaminated soil by *Kocuria flava* CR1, based on microbially induced calcite precipitation [J]. Ecological Engineering, 2011, 37(10): 1601-1605.

[73] Kim Y, Kwon S, Roh Y. Effect of divalent cations (Cu, Zn, Pb, Cd, and Sr) on microbially induced calcium carbonate precipitation and mineralogical properties [J]. Frontiers in Microbiology, 2021, 12: 646748.

[74] Qian C, Chen H, Ren L, et al. Self-healing of early age cracks in cement-based materials by mineralization of carbonic anhydrase microorganism [J]. Frontiers in Microbiology, 2015, 6(314): 1225.

[75] Ko S C, Woo H M. Biosynthesis of the calorie-free sweetener precursor *ent*-Kaurenoic acid from CO_2 using engineered Cyanobacteria [J]. ACS Synthetic Biology, 2020, 9(11): 2979-2985.

[76] Watson S K, Han Z L, Su W W, et al. Carbon dioxide capture using *Escherichia coli* expressing carbonic anhydrase in a foam bioreactor [J]. Environmental

Technology, 2016, 37(24): 3186-3192.

[77] Zomorodian S M A, Ghaffari H, O'Kelly B C. Stabilisation of crustal sand layer using biocementation technique for wind erosion control [J]. Aeolian Research, 2019, 40: 34-41.

[78] Chae S H, Chung H, Nam K. Evaluation of Microbially Induced Calcite Precipitation (MICP) methods on different soil types for wind erosion control [J]. Environmental Engineering Research, 2021, 26(1): 190507.

[79] Febrida R, Cahyanto A, Herda E, et al. Synthesis and characterization of porous CaCO₃ vaterite particles by simple solution method[J]. Materials, 2021, 14(16): 4425.

[80] Cui M J, Zheng J J, Zhang R J, et al. Influence of cementation level on the strength behaviour of bio-cemented sand [J]. Acta Geotechnica, 2017, 12(5): 971-986.

[81] Gat D, Ronen Z, Tsesarsky M. Long-term sustainability of microbial-induced CaCO₃ precipitation in aqueous media [J]. Chemosphere, 2017, 184: 524-531.

[82] Yu X, Qian C, Sun L, et al. Obținerea bio-nanoparticulelor de FOSFAți de magneziu și proprietățile lor liante [J]. Revista Romana de Materiale, 2017, 47(2): 143.

[83] James N G, Ellis B C. Reactive nitrogen and the world: 200 years of change [J]. AMBIO: A Journal of the Human Environment, 2002, 31(2): 64-71.

[84] Huenneke L F, Hamburg S P, Koide R, et al. Effects of soil resources on plant invasion and community structure in californian serpentine grassland [J]. Ecology, 1990, 71(2): 478-491.

[85] Torres-Aravena Á E, Duarte-Nass C, Azócar L, et al. Can microbially induced calcite precipitation (MICP) through a ureolytic pathway be successfully applied for removing heavy metals from wastewaters? [J]. Crystals, 2018, 8(11): 438.

[86] Zhu W, Yuan M, He F, et al. Effects of hydroxypropyl methylcellulose (HPMC) on the reinforcement of sand by microbial-induced calcium carbonate precipitation (MICP)[J]. Applied Sciences, 2022, 12(11): 5360.

[87] Wang Y J, Chen W B, Yin J H, et al. Role of biochar in drained shear strength enhancement and ammonium removal of biostimulated MICP-treated calcareous sand [J]. Journal of Geotechnical and Geoenvironmental Engineering, 2024, 150(2): 04023140.

[88] Meessen J. Urea synthesis [J]. Chemie Ingenieur Technik, 2014, 86(12): 2180-2189.

[89] Mao N, Ren H, Geng J, et al. Engineering application of anaerobic ammonium oxidation process in wastewater treatment [J]. World Journal of Microbiology and Biotechnology, 2017, 33(8): 153.

[90] Mujah D, Shahin M A, Cheng L. State-of-the-art review of biocementation by microbially induced calcite precipitation (MICP) for soil stabilization [J]. Geomicrobiology Journal, 2017, 34(6): 524-537.

[91] Kuypers M M M, Sliekers A O, Lavik G, et al. Anaerobic ammonium oxidation by anammox bacteria in the Black Sea [J]. Nature, 2003, 422(6932): 608-611.

[92] Gao Y, Wang L, He J, et al. Denitrification-based MICP for cementation of soil: Treatment process and mechanical performance [J]. Acta Geotechnica, 2022, 17(9): 3799-3815.

[93] Yu X N, Chu J, Yang Y, et al. Reduction of ammonia production in the biocementation process for sand using a new biocement [J]. Journal of Cleaner Production, 2021, 286: 124928.

[94] Yu X N, Yang H Q, Wang H. A cleaner biocementation method of soil via microbially induced struvite precipitation: A experimental and numerical analysis [J]. Journal of Environmental Management, 2022, 316: 115280.

[95] Yu X N, Qian C X, Jiang J G. Desert sand cemented by bio-magnesium ammonium phosphate cement and its microscopic properties [J]. Construction and Building Materials, 2019, 200: 116-123.

[96] Martinez Brian C, Dejong Jason T. Bio-mediated soil improvement: Load transfer mechanisms at the micro- and macro- scales [J]. Advances in Ground Improvement, 2012, 26(338): 242-251.

[97] Dejong J T, Soga K, Banwart S A, et al. Soil engineering *in vivo*: Harnessing natural biogeochemical systems for sustainable, multi-functional engineering solutions [J]. Journal of the Royal Society Interface, 2010, 8(54): 1-15.

[98] Dejong J T, Soga K, Kavazanjian E, et al. Biogeochemical processes and geotechnical applications: Progress, opportunities and challenges [J]. Geotechnique, 2014: 143-157.

[99] Brown D G, Jaff P R. Effects of nonionic surfactants on bacterial transport through porous media [J]. Environmental Science and Technology, 2001, 35(19): 3877-3883.

[100] Barkouki T H, Martinez B C, Mortensen B M, et al. Forward and inverse bio-geochemical modeling of microbially induced calcite precipitation in half-meter column experiments [J]. Transport in Porous Media, 2011, 90(1): 23-39.

[101] Martinez B C, Dejong J T, Ginn T R, et al. Experimental optimization of

microbial-induced carbonate precipitation for soil improvement [J]. Journal of Geotechnical and Geoenvironmental Engineering, 2013, 139(4): 587-598.

[102] Whiffin V S, van Paassen L A, Harkes M P. Microbial carbonate precipitation as a soil improvement technique [J]. Geomicrobiology Journal, 2007, 24(5): 417-423.

[103] Lin H, Suleiman M T, Brown D G, et al. Mechanical behavior of sands treated by microbially induced carbonate precipitation [J]. Journal of Geotechnical and Geoenvironmental Engineering, 2016, 142(2): 04015066.

[104] van Paassen L A, Ghose R, van der Linden T J M, et al. Quantifying biomediated ground improvement by ureolysis: Large-scale biogrout experiment [J]. Journal of Geotechnical and Geoenvironmental Engineering, 2010, 136(12): 1721-1728.

[105] Feng K, Montoya B M. Quantifying level of microbial-induced cementation for cyclically loaded sand [J]. Journal of Geotechnical and Geoenvironmental Engineering, 2017, 143(6): 06017005.

[106] Cheng L, Shahin M A, Mujah D. Influence of key environmental conditions on microbially induced cementation for soil stabilization [J]. Journal of Geotechnical and Geoenvironmental Engineering, 2017, 143(1): 04016083.

[107] Li H Y, Li C, Zhou T J, et al. An improved rotating soak method for MICP-treated fine sand in specimen preparation [J]. Geotechnical Testing Journal, 2018, 41(4): 805-814.

[108] Gowthaman S, Iki T, Nakashima K, et al. Feasibility study for slope soil stabilization by microbial induced carbonate precipitation (MICP) using indigenous bacteria isolated from cold subarctic region [J]. SN Applied Sciences, 2019, 1(11): 1480.

[109] Dawoud O, Chen C Y, Soga K. Microbial-induced calcite precipitation (MICP) using surfactants [C]. Geo-Congress 2014 Technical Papers, 2014: 1635-1643.

[110] Wang P F, Han H, Tian C, et al. Experimental study on dust reduction via spraying using surfactant solution [J]. Atmospheric Pollution Research, 2020, 11(6): 32-42.

[111] Yuan M Y, Nie W, Zhou W W, et al. Determining the effect of the non-ionic surfactant AEO9 on lignite adsorption and wetting via molecular dynamics (MD) simulation and experiment comparisons [J]. Fuel, 2020, 278: 118339.

[112] Wang X N, Yuan S J, Li X, et al. Synergistic effect of surfactant compounding on improving dust suppression in a coal mine in Erdos, China [J]. Powder Technology, 2019, 344: 561-569.

[113] Kalantary F, Govanjik D A, Seh Gonbad M S. Stimulation of native microorganisms for improving loose salty sand [J]. Geomicrobiology Journal, 2019, 36(6): 533-542.

[114] Tang C S, Yin L Y, Jiang N J, et al. Factors affecting the performance of microbial-induced carbonate precipitation (MICP) treated soil: A review [J]. Environmental Earth Sciences, 2020, 79(5): 94.

[115] Wang Y, Soga K, Jiang N J. Microbial induced carbonate precipitation (MICP): The case for microscale perspective [C]. 19th International Conference on Soil Mechanics and Geotechnical Engineering, Seoul, 2017.

[116] Karadimitriou N K, Hassanizadeh S M. A review of micromodels and their use in two-phase flow studies [J]. Vadose Zone Journal, 2012, 11(3): vzj2011.0072.

[117] Xiao Y, He X, Stuedlein Armin W, et al. Crystal growth of MICP through microfluidic chip tests [J]. Journal of Geotechnical and Geoenvironmental Engineering, 2022, 148(5): 06022002.

[118] Jaho S, Athanasakou G D, Sygouni V, et al. Experimental investigation of calcium carbonate precipitation and crystal growth in one- and two-dimensional porous media [J]. Crystal Growth & Design, 2016, 16(1): 359-370.

[119] Singh R, Yoon H, Sanford R A, et al. Metabolism-induced $CaCO_3$ biomineralization during reactive transport in a micromodel: Implications for porosity alteration [J]. Environmental Science and Technology, 2015, 49(20): 12094-12104.

[120] Singh R, Olson M S. Transverse chemotactic migration of bacteria from high to low permeability regions in a dual permeability microfluidic device [J]. Environmental Science and Technology, 2012, 46(6): 3188-3195.

[121] Zhang C Y, Kang Q J, Wang X, et al. Effects of pore-scale heterogeneity and transverse mixing on bacterial growth in porous media [J]. Environmental Science and Technology, 2010, 44(8): 3085-3092.

[122] Mobley H L T, Garner R M, Bauerfeind P. *Helicobacter pylori* nickel-transport gene *nixA*: Synthesis of catalytically active urease in *Escherichia coli* independent of growth conditions [J]. Molecular Microbiology, 1995, 16(1): 97-109.

[123] Akada J K, Shirai M, Takeuchi H, et al. Identification of the urease operon in *Helicobacter pylori* and its control by mRNA decay in response to pH [J]. Molecular Microbiology, 2000, 36(5): 1071-1084.

[124] Cruz-Ramos H, Glaser P, Wray L V, et al. The *Bacillus subtilis ureABC* operon [J]. Journal of Bacteriology, 1997, 179(10): 3371-3373.

[125] Kim J K, Mulrooney S B, Hausinger R P. Biosynthesis of active *Bacillus subtilis* urease in the absence of known urease accessory proteins [J]. Journal of Bacteriology, 2005, 187(20): 7150-7154.

[126] Yang Y, Chu J, Cao B, et al. Biocementation of soil using non-sterile enriched urease-producing bacteria from activated sludge [J]. Journal of Cleaner Production, 2020, 262: 121315.

[127] Ohan J, Saneiyan S, Lee J, et al. Microbial and geochemical dynamics of an aquifer stimulated for microbial induced calcite precipitation (MICP) [J]. Front Microbiol, 2020, 11: 1327.

[128] Lapierre F M, Schmid J, Ederer B, et al. Revealing nutritional requirements of MICP-relevant *Sporosarcina pasteurii* DSM33 for growth improvement in chemically defined and complex media [J]. Scientific Reports, 2020, 10(1): 22448.

[129] Wani K M N S, Mir B A. Microbial geo-technology in ground improvement techniques: A comprehensive review[J]. Innovative Infrastructure Solutions, 2020, 5(3): 82.

[130] Otaibi A R N ,Virk P ,Elsayim R , et al. A facile biodegradation of polystyrene microplastic by *Bacillus subtilis* [J]. Green Processing and Synthesis, 2025, 14 (1): 20240153.

[131] Jongvivatsakul P, Janprasit K, Nuaklong P, et al. Investigation of the crack healing performance in mortar using microbially induced calcium carbonate precipitation (MICP) method [J]. Construction and Building Materials, 2019, 212: 737-744.

[132] Omoregie A I, Ngu L H, Ong D E L, et al. Low-cost cultivation of *Sporosarcina pasteurii* strain in food-grade yeast extract medium for microbially induced carbonate precipitation (MICP) application [J]. Biocatalysis and Agricultural Biotechnology, 2019, 17: 247-255.

[133] Li W, Fishman A, Achal V. Ureolytic bacteria from electronic waste area, their biological robustness against potentially toxic elements and underlying mechanisms [J]. Journal of Environmental Management, 2021, 289: 112517.

[134] Liang S H, Chen J T, Niu J G, et al. Using recycled calcium sources to solidify sandy soil through microbial induced carbonate precipitation [J]. Marine Georesources and Geotechnology, 2020, 38(4): 393-399.

[135] Song W J, Yang Y Y, Qi R, et al. Suppression of coal dust by microbially

induced carbonate precipitation using *Staphylococcus succinus* [J]. Environmental Science and Pollution Research, 2019, 26(35): 35968-35977.

[136] Zhu S C, Hu X M, Zhao Y Y, et al. Coal dust consolidation using calcium carbonate precipitation induced by treatment with mixed cultures of urease-producing bacteria [J]. Water, Air, and Soil Pollution, 2020, 231(8): 442.

[137] Zhu S C, Zhao Y Y, Hu X M, et al. Study on preparation and properties of mineral surfactant-microbial dust suppressant [J]. Powder Technology, 2021, 383: 233-243.

[138] Cheng L. Innovative ground enhancement by improved microbially induced CaCO3 precipitation technology [D]. Perth: Murdoch University, 2012.

[139] Ismail M A, Joer H A, Sim W H, et al. Effect of cement type on shear behavior of cemented calcareous soil [J]. Journal of Geotechnical and Geoenvironmental Engineering, 2002, 128(6): 520-529.

[140] Ivanov V, Chu J. Applications of microorganisms to geotechnical engineering for bioclogging and biocementation of soil *in situ* [J]. Reviews in Environmental Science and Bio/Technology, 2008, 7(2): 139-153.

[141] Song W H ,Sha Q J ,Wei H S , et al.Low nitrogen MICP remediation of Pb contaminated water by multifunctional microbiome UN-1[J].Environmental Technology&Innovation,2025, 2352-1864.

[142] Gai X R, Sánchez M. An elastoplastic mechanical constitutive model for microbially mediated cemented soils [J]. Acta Geotechnica, 2019, 14(3): 709-726.

[143] Li M, Li L, Ogbonnaya U, et al. Influence of fiber addition on mechanical properties of MICP-treated sand [J]. Journal of Materials in Civil Engineering, 2016, 28(4): 04015166.

[144] Hataf N, Baharifard A. Reducing soil permeability using microbial induced carbonate precipitation (MICP) method: A case study of Shiraz landfill soil [J]. Geomicrobiology Journal, 2020, 37(2): 147-158.

[145] Li M, Cheng X H, Guo H X, et al. Biomineralization of carbonate by terrabacter tumescens for heavy metal removal and biogrouting applications [J]. Journal of Environmental Engineering, 2016, 142(9): C4015005.

[146] Rajasekar A, Moy C K S, Wilkinson S. MICP and advances towards eco-friendly and economical applications [J]. IOP Conference Series: Earth and Environmental Science, 2017, 78(1): 012016.

[147] Deng X J, Li Y, Liu H, et al. Examining energy consumption and carbon emissions of microbial induced carbonate precipitation using the life cycle

assessment method[J]. Sustainability, 2021, 13(9): 4856.

[148] Choi S G, Wu S, Chu J. Biocementation for sand using an eggshell as calcium source [J]. Journal of Geotechnical and Geoenvironmental Engineering, 2016, 142(10): 06016010.

[149] Cheng L, Shahin M A, Cord-Ruwisch R. Bio-cementation of sandy soil using microbially induced carbonate precipitation for marine environments [J]. Géotechnique, 2014, 64(12): 1010-1013.

[150] Chen H J, Huang Y H, Chen C C, et al. Microbial induced calcium carbonate precipitation (MICP) using pig urine as an alternative to industrial urea [J]. Waste and Biomass Valorization, 2019, 10(10): 2887-2895.

[151] Meldrum N U, Roughton F J W. Carbonic anhydrase. Its preparation and properties [J]. The Journal of Physiology, 1933, 80(2): 113-142.

[152] Pocker Y, Stone J T. The catalytic versatility of erythrocyte carbonic anhydrase. III. Kinetic studies of the enzyme-catalyzed hydrolysis of p-nitrophenyl acetate [J]. Biochemistry, 1967, 6(3): 668-678.

[153] Erdemir F, Celepci D B, Aktaş A, et al. Novel 2-aminopyridine liganded Pd(II) N-heterocyclic carbene complexes: Synthesis, characterization, crystal structure and bioactivity properties [J]. Bioorganic Chemistry, 2019, 91: 103134.

[154] Taslimi P, Türkan F, Cetin A, et al. Pyrazole[3,4-d]pyridazine derivatives: Molecular docking and explore of acetylcholinesterase and carbonic anhydrase enzymes inhibitors as anticholinergics potentials [J]. Bioorganic Chemistry, 2019, 92: 103213.

[155] Mamedova G, Mahmudova A, Mamedov S, et al. Novel tribenzylaminobenzol sulphonylimine based on their pyrazine and pyridazines: Synthesis, characterization, antidiabetic, anticancer, anticholinergic, and molecular docking studies [J]. Bioorganic Chemistry, 2019, 93: 103313.